街並みの形成

民間住宅地開発の変遷 首都圏

上川 勇治 著

住宅新報社

西片町

桜新町

田園調布

目白文化村

城南田園住宅

成城学園

常盤台

京王桜ヶ丘

国立学園都市

徳川南

大宮プラザ

湘南鷹取台

七里が浜

マボリシーハイツ

湘南ニュータウン片瀬山

百合ヶ丘住宅地

鳩山ニュータウン

美しが丘

美しが丘

逗子披露山庭園住宅

逗子披露山庭園住宅

ユーカリが丘

北野台

千福ニュータウン

松が丘

こま武蔵台

高幡鹿島台ガーデン54

フォレステージ高幡鹿島台

緑園都市

我孫子ビレジ

柏ビレジ

オナーズヒル

鶴川緑山

エステ・シティ所沢

日向岡

あすみが丘

あすみが丘

東金レイクサイドヒル

あすみが丘東

あすみが丘東

みずきが丘

佐倉そめい野

めぐみが丘

コモアしおつ

季美の森

ポラス柏市逆井地区

ポラス船橋市馬込地区

安中榛名

安中榛名

安中榛名

はじめに

　この本は、表題に示すように民間の住宅地開発の事例を出来るだけ時系列的に、出来るだけ克明に記録し紹介したものです。出来れば全国の事例を紹介したいがあまりにも膨大なものとなりとても1人の力では不可能です。首都圏にしぼったが、ここでもその数は膨大で国土交通省にでも問い合わせてみないとわからない。多分集計されてはいないでしょう。

　永くこの業界に関係し、かなりの事例を見て、聞いて、知っているつもりでしたがとてもその全貌はつかめません。手元に神奈川県の集計資料が有りますが恐るべき数です。他の首都圏を構成する都県の集計が有るのかは未確認です。

　私は昭和44年のいざなぎ景気のころ社会人となり、それから45年間住宅地開発の計画に関わってきました。特に30代前半からの35年間は民間住宅地開発の戸建て住宅地計画に携わってきました。多数のデベロッパーの仕事に参加し、大小の現場を実務者として経験してきました。

　この本は、私がこの経験を基に選定した地区の実地調査を重ね、改めて自分の目で、足で確認して、書いた内容です。35年間に集めて所有していたパンフレットや1万枚からの写真が大いに役に立っています。ただしパンフレットも各社各様で仕様や精度はまちまちで統一した表現では書かれていません。このため今回の表記も不明な箇所も多々あることをお詫びします。

　「街並みの形成」という表題ですが、既成の市街地や街道筋や伝統的な集落地などの町並みを指すものではなく、新規に開発して作られた街で1戸建て住宅地の街並みを対象としています。

　国土の狭い日本のさらに地価の高い首都圏は欧米のような質の高い住宅地を実現するのは困難です。戦前は別荘的開発、田園嗜好の開発などもあり、宅地も大きかったのですが、戦後はだいぶコンパクトになってきました。現在はさらに小さくなって、行政の最小面積規定は125㎡で40坪をきっています。これさえも大きくて市場に見合った価格設定が出来ないといわれています。

　この宅地規模、住宅規模の縮小化で街並みや環境は変化しています。ある時代から顧客が家を買うときの判断要素で「家を買う」に「環境を買う」ことが加わり始めました。供給者側もこれを意識し創意、工夫を重ね、差別化し魅力付けを図ってきました。

　この変化を出来るだけ現地で観察して記録したものがこの本です。大規模開発だからできることもありますが、小規模な開発でも使える要素や考え方もあります。そんな要素を見出して参考にしていただければとの思いです。

　住宅地開発の事業は多彩な要素があり、専門家の参加と知恵で進められています。用地買収などの初期の段階から買収・計画・建設・販売さらには維持管理・生活支援と続く流れの中で多くの人が働いております。各種の事前調査、事業試算の検討、各種事務処理、不動産、ランドプラン作成、造成等の土木設計、申請管理、マーケット関係、植栽造園設計、建築設計、施工、コミュニティー形成や生活支援等々に関わっています。

　住宅地開発は全体が商品であり魅力的でなければいけません。

　このためこの本は、ある特定の専門家を対象として出版したのではなく、住宅地開発に関係し

ている各種専門家、関係者、この世界に興味がある方、関わっていきたいと願う方々に読んでもらいたいのです。

建築・土木・造園・不動産・経済・行政・鉄道・まちづくり活動・マーケティング・広告・住民問題、最近大きな問題として高齢者住宅の維持管理と空き家問題などの関係者に読んでもらいたいのです。

必ずしも直接に役に立たない場合もあるし浅すぎて物足りない場合もあると思いますが何かヒントになるものを発見していただけると考えております。

資料集として書庫に並べておいていただければ何かの折に参考となるでしょう。新しい開発地の候補が出てきたときの地歴調査や、参考事例調査の候補地選定などに役に立つでしょう。また先人達の軌跡を辿りその苦労や知恵を振りかえってみることも意味のあることです。住宅地という生活拠点のありようとその変化から日本人の嗜好の変遷や経済の変遷を読み取っていただけるかもしれません。

序章は江戸末期・明治維新から昭和戦前までを概説としてまとめました。戦前は注目すべき地区、評価すべき地区が多数ありますが既に先輩方が研究調査し本や報告書にまとめられています。中でも「郊外住宅地の系譜」(鹿島出版会 1987 年)と「近代日本の郊外住宅地」(鹿島出版会 2000 年)の名著があり、詳しく知りたい方にはお薦めします。

1 章は終戦後の昭和 20 年代と 30 年代の 20 年間の民営鉄道会社による住宅地開発で大手 8 社の事例 20 地区を取り上げています。

2 章は昭和 40 年代の 10 年間の主要なデベロッパー 5 社の住宅地開発で事例 13 地区を取り上げています。

3 章は昭和 50 年代の 10 年間の主要な住宅地開発で事例 9 地区、それにタウンハウスとして 6 地区を取り上げています。

4 章は昭和 60 年から現在までの主要な住宅地開発で、宮脇 檀(まゆみ)氏の住宅地事例 2 地区を含め、合計 20 地区を取り上げています。

さて現在の日本は、少子高齢化で人口は減少しています。

『マスハウジングの時代は収束しマルチハウジングの時代になった』と住田昌二氏(大阪市立大学名誉教授「21 世紀のハウジング」ドメス出版)は述べています。ここ 20 年ほどの間の日常業務の中で日々実感しています。

新規の住宅地開発の時代は概ね終焉(しゅうえん)しました。大規模、大量供給の需要マーケットは無くなってきました。むしろ今回紹介している郊外住宅地の今後の有様が問題となっています。

高齢化による空き家等の問題、少子化による教育施設等の問題です。憧れと終着地としての安住の地を見つけた人々はその地の扱いに苦慮し始めています。2 年後には戦後 70 年を迎える今、住宅数は満たされ余り始めています。

子供たちは成長して都市部に近い土地に居住地を求め生活は定着し、親は大きな家に 2 人か 1

はじめに

人暮らしです。適正な家に移りたくとも中古市場は冷え買い替えもままならない現状です。

　自宅が必ずしも終焉の地でなくなった今、昭和48年（1973）に作成された「現代住宅双六」と千葉大学の小林茂樹教授が平成9年（1997）に修正作成した「新しい住宅双六」[1]もさらに修正し「新・新しい双六」を考えねばならない時代にきました。

　首都圏の郊外住宅は環境も良く敷地や家も広くその活かし方は色々と有りそうな気がしています。子育てには向いているし、数人で暮らすことも可能です。

　子供が親の家を相続し暮らすだけでなく、他人の元気な若い世代が暮らせるような活かし方も考えられます。コミュニティーの活性化や施設の維持継続にも光が見えてくるかもしれません。

　そのためには国や地元行政の施策、さらに税金の見直しや関係する法的整備も必要です。

　あれこれと考えるにつけ、住宅地の開発とその後の経過を記してまとめたこの本が、今後の新しい計画や問題化している事柄の対策を策定する一助になれば幸いであります。

2013年6月　上川　勇治

『ランドスケープデザイン』（マルモ出版）2000年10月号に「安中榛名」特集号で紹介。
『コア東京』（社）東京都建築士事務所協会機関誌発行。同誌に「東京の民間住宅地の歴史的変遷」のタイトルで2007年5月号〜2012年11月号まで51回連載。

1　『新・集合住宅の時代』詳しくは『住まいのかたち』（小山祐司著一般社団法人埼玉いえ・まち再生会議刊2012年）216p参照。

「まちなみ」のすすめ

　上川勇治さんが大変な労作をまとめられました。題して「街並みの形成」。
　わが国の近代化後期、つまり第二次大戦後の住宅地開発（住宅地計画）についての研究、考察なのですが、この間、住宅地供給の計画者サイドの実務家として活躍されてきた著者の思い入れがまとめられたものと言っていいでしょう。とはいえ、建築と違って住宅地というのは供給企業名で語られ、個人名は表面に出ない、つまり作者の顔は見えないのが通常です。つまり「思い入れ」などという言葉と無縁と思われているでしょう。建築と土木の世界の大きな違いです。

　「まち」というものは、人間の長い歴史で見ると、必ずしも「計画」されたものではない、とも言えます。城下町や植民都市のように為政者の強い意志が表現された例、これはまちの安全あるいは防御を主たる目的としているのですが、を例外として、自然発生的に形成されたようにも思えます。しかし、一方で住民の「良いまち」「安全なまち」を作ろうという意思が反映され、用途や形態に関するまちづくりのルールが、おのずから出来ていたことも事実でしょう。

　さてこの著作で扱われた「戦後」という時代は、前半は住宅難を背景として、現在では「マスプロダクト」と否定的にいわれる「量」の時代でした。
　現象的にはそうなのですが、社会的にはさまざまな変化が同時に進行していました。所得格差の是正を目的とした農業人口の減少、つまり都市への人口の集中、核家族化、サラリーマン化、そしてエネルギー革命と呼ばれる薪炭から石油、電力へのエネルギーの移行、引き続いてマイカー化、流通革命と呼ばれるスーパーなどの台頭です。
　住宅や住宅地、つまり人間の生きていく条件、生活が激しい勢いで変化したのです。端的に公団や公営の住宅に当選することが夢だった時代なのです。このことを考えても過去を否定的に言うのは、ある意味簡単なのですが、歴史というのはもう少し丁寧に見なければならないように思います。
　その間、住宅金融公庫、住宅公団や宅地開発公団が出来たように、当時の民間の力でこの激しい需要を受け止めることはできなかったとも言えるでしょう。産業資金の需要が大きく、生活基盤にまわる民間資金は脆弱だったのです。

　その中で、電鉄系企業をはじめとして、後にデベロッパーと呼ばれる業態が登場してきたのです。上川さんの年表によれば、関東では相鉄が早かったようですが、戦前に田園調布の経験をもつ東急、学園都市を手掛けた西武などに続いて財閥系の企業などが続々参入してきます。
　それまでは公団、公社などの公的主体が、ある意味質実剛健な「良質な」住宅・宅地を供給してきたのですが、民間の参入によって価格や品質、コンセプトなど多角的な競争が始まりました。
　しかし不動産として見る限り価値の評価は立地が主で、その後環境やデザインが重視されるよ

うになったとはいえ、建物の価値より土地の価値が重く受け止められるなど、今でも国際的にみれば、日本的特殊性が大きく支配しているように見えます。現在では少子化や高齢化の時代を迎えて、商品の企画コンセプトもまだまだ流動していくのでしょう。

　今後の最も大きな潮流はエコロジーでしょう。端的に使い捨てからストックの時代になっていくのでしょう。その時これまで作ってきた住宅、住宅地がどのような意味をもっていくのでしょうか。子供のためにつくったプレイロットや幼稚園、小学校などをどのようにつくりかえて行くのでしょうか。道路や公園も今のままでいいとは思えません。
　もちろん世代を超えて生き続ける住宅地は、「作者の意思」を超えて存続していくでしょう。
　市民も専門家も、これまでの皮を破って交流していく必要があるのでしょう。
　上川さんのまとめた資料は、その町の原点を示す、貴重な羅針盤になるのではないでしょうか。

大川　陸（おおかわ　りく）
元財団法人住宅生産振興財団専務理事

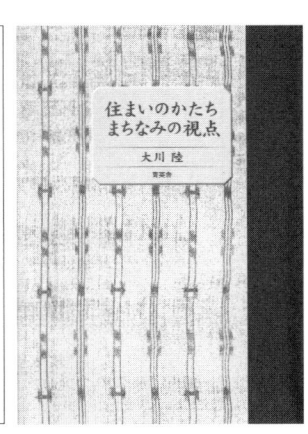

財団法人住宅生産振興財団機関誌『家とまちなみ』（年2回）。同財団の月刊リーフレット『ボンエルフ』。同誌（平成6年6月号～平成15年4月号）の―住まいの視点―を書き綴った文章をまとめて『住まいのかたち　まちなみの視点』（私家版）を発刊。

目　　次

口絵　　i ～ xvi

はじめに　　3

「まちなみ」のすすめ　　6

序章　明治～昭和戦前までの概要　　11
　江戸から東京へ・町の形成　明治期の開発　明治期－東京の人口　戦前の住宅地開発
　都市の拡大を促進する鉄道網と住宅地

1章　民営鉄道会社の住宅地開発―昭和20年代・30年代　　23
　戦後の概況
　相模鉄道　希望が丘地区　南台地区　万騎が原地区　えびな国分寺台地区
　東京急行電鉄　田園都市づくり　野川第一地区
　小田急電鉄　高森第1地区（あかね台）
　京王電鉄　桜ヶ丘地区
　京浜急行電鉄　八丁畷地区　富岡ニュータウン
　京成電鉄　千住分譲地　八千代台団地　八千代高津団地　宮野木団地
　東武鉄道　越谷地区　竹の塚地区
　西武鉄道　鎌倉山地区　徳川南地区　本牧地区　谷津坂地区　中河原地区

2章　主要デベロッパーの住宅地開発―昭和40年代　　61
　東急不動産　二俣川地区　つくし野地区（町田市小川第一地区）　大宮プラザ　八王子片倉台
　西武グループ　西鎌倉　七里が浜　湘南鷹取台　鎌倉・逗子ハイランド　マボリシーハイツ
　三井不動産　湘南ニュータウン片瀬山　百合ヶ丘住宅地
　日本新都市開発　鳩山ニュータウン
　東急電鉄　美しが丘

3章　主要な住宅地開発（1）―昭和50年代　　85
　披露山庭園住宅（開発主体企業―ＴＢＳ興発）
　ユーカリが丘（開発主体企業―山万）
　北野台（開発主体企業―西武グループ）
　千福ニュータウン（開発主体企業―東急電鉄）
　松が丘（開発主体企業―西武グループ）
　こま武蔵台（開発主体企業―東急不動産）

我孫子ビレジ（開発主体企業―東急不動産）
柏ビレジ（開発主体企業―東急不動産）
緑園都市（開発主体企業―相模鉄道）
タウンハウス
　タウンハウスの生まれた時代的状況　タウンハウスの特長　タウンハウスの問題
　港南ファミリオ（開発主体企業―京急不動産）
　行徳ファミリオ（開発主体企業―京急不動産）
　浦安パークシティⅢ期（開発主体企業―三井不動産）
　コトー金沢八景（開発主体企業―デベロッパー三信）
　竜ヶ崎ニュータウン（開発主体企業―宅地開発公団、積水ハウス・ミサワホーム・三井不動産）
　ライブタウン浜田山（開発主体企業―藤和不動産）

4章　主要な住宅地開発（2）―昭和60年～現在　　113

宮脇檀（宮脇檀建築研究室）の仕事
　　高幡鹿島台ガーデン54（開発主体企業―鹿島建設）
　　フォレステージ高幡鹿島台（開発主体企業―鹿島建設）
オナーズヒル（開発主体企業―コーポ企画、ミサワホーム）
鶴川緑山（開発主体企業―野村不動産）
東金レイクサイドヒル（開発主体企業―角栄建設）
エステ・シティ所沢（開発主体企業―日本新都市開発）
あすみが丘（土気南区画整理事業）（開発主体企業―東急不動産）
あすみが丘東（開発主体企業―東急不動産）
湘南・日向岡（開発主体企業―東急電鉄、中央商事）
佐倉染井野地区（開発主体企業―東急不動産、大林組）
　みずきが丘（東急不動産）　佐倉そめい野（大林組）
季美の森（開発主体企業―東急不動産、エル・カクエイ）
コモアしおつ（開発主体企業―積水ハウス、青木建設）
湘南めぐみが丘（開発主体企業―東急電鉄）
柏市田中地区・白井市西白井地区他（開発主体企業―ポラスガーデンヒルズ社）
　　柏市田中地区　柏市逆井地区　白井市西白井地区　船橋市馬込地区　柏市篠籠田地区
安中榛名（開発主体企業―ＪＲ東日本、鉄建建設、西松建設）

資料編　　173

おわりに　　182

索引　　184

序　章　明治～昭和戦前までの概要

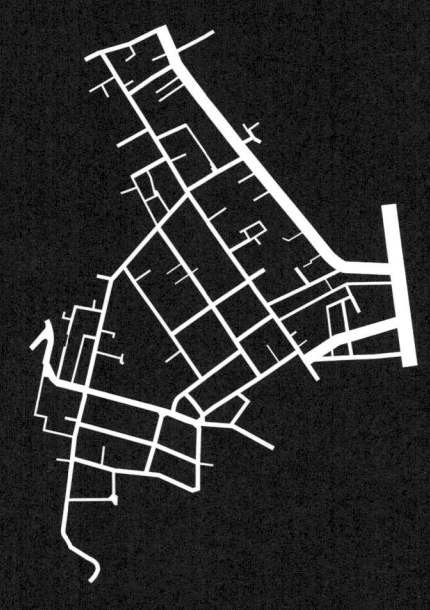

江戸から東京へ・町の形成

　徳川幕府が成立し家康は江戸に入府後、埋め立てや区画割りにより大名や家臣等に「武家地」を割り当てた。一方「町人地」も幕府から許可をもらい家を建て始めたことから「江戸の町」の形成が始まる。

　江戸期と言っても250年間の長きに亘り市街地は変動拡大していく。「かねやすまでは江戸の内」[2]と言われたこの店は現在の本郷3丁目に今もある。この時代、江戸の総面積は約56,365㎢で武家地がその約68.6％を占め、他が社寺地、町人地で人口は約130万人にも達した。それこそ世界的にも大都会であった。（資料1参照）

　しかし明治1年江戸を東京と改称、明治4年の廃藩置県により大名とその家臣は故郷にもどり、江戸の人口は78万人に激減する。この廃藩置県と版籍奉還及び明治3年の社寺上地令[3]を発し、明治政府は土地を各藩及び社寺から収用し官有地とした。

　官有地の内、主に中心部の屋敷地は、官庁・教育・軍事施設地とし、他は江戸の郊外地域で日当たりが良く、景観・環境に優れた台地で屋敷地や別荘地にした。新政府は旧大名を華族として東京に呼び戻すためこれを下付した。人口対策、収入源（税金、産業、商業）の確保と産業振興策を実施したのである。

　江戸時代は土地の所有権や売買は武家地では官有地との概念で対象とされてはいなかった。

　町人地は、当初は売買対象ではなかったが、私有地の概念で売買の対象となっていた。磯村英一[4]氏の論文を読むと詳しく記されているが、その権利関係や用途、名称は複雑である。

　明治期に入り政府は、地券を発行し、所有権を確認し、地租収納を図り税収入の拡充を図っていく。「不動産」という言葉が公式に使われた記録は、江藤新平が司法卿であった明治10年が初とされている。不動産登記法が公布されたのは、明治32年（1899）である。

　江戸は東京となり、激減した人口が戻り始めたものの一般居住地は不足し困窮を極めていた。前述のとおり、この時期の住宅地は官庁街に勤めるいわゆるサラリーマン、教育関係者、軍人が対象となる。下町を中心にした町人地の長屋、旧大名屋敷の長屋などが住宅地にあてがわれるがとても対応できるものではなかった。

　明治23年、三菱会社（現三菱地所）に売却した丸の内は「一丁ロンドン」[5]と言われビジネス街で住宅地ではない。一方三菱に売却した神田三崎町には住宅街（煉瓦長屋）が作られたが、当時はまだ郊外地であり副都心として商業が中心の開発であった。7.5haの整然とした区画割り計画で、甲武線（現中央線）の始発駅飯田町駅の予定をにらんだ計画であったようだ。日大の前身日本法律学校もこの地にあった。ちなみに三崎町は、旗本屋敷→講武所→歩兵所→陸軍所（近代陸軍の発祥地）・練兵場であった。

2　「本郷もかねやすまでは江戸の内」江戸時代の川柳。
3　江戸幕府や明治政府が出した土地没収の命令。上知令と表記する場合もある。
4　1903―1997　都市社会学の研究者。
5　三菱がロンドン・ロンバート街を倣って作ったオフィスビルにちなんで呼ばれた。

戦前の主たる住宅地開発地を挙げると以下のような地区がある。
本郷「西片町」阿部家
蒲田「吾等が村」黒沢貞次郎、黒沢商店、現在は富士通工場
日暮里「渡辺町」渡辺治右衛門、渡辺銀行、初期より開成学園設置
目白「文化村」堤康次郎、箱根土地
洗足「田園都市」渋沢栄一、田園都市開発
多摩川台「田園調布」渋沢栄一、田園都市開発
大宮「盆栽町」鈴木重太郎
大泉学園「学園都市」堤康次郎、箱根土地
豊島園「城南田園住宅組合」小鷹利三郎他
成城「成城学園」小原国芳、成城中学校
小平「学園都市」堤康次郎、箱根土地
国立「学園都市」堤康次郎、箱根土地
町田「玉川学園」小原国芳、玉川学園
ひばりが丘「南澤学園町」羽仁吉一、もと子、婦人之友社、自由学園
板橋「常盤台」東武鉄道
現在では住環境の質の高い住宅地として成熟し、高級住宅地の代表となっている地区が多い。

明治期の開発

　明治期の開発は、借地、借家の住宅地経営が主で、明治4年、本郷西片町での阿部家による住宅地経営がいわば計画的にまとまった地区開発としては初といえる。福山藩の阿部家は他の元大名同様当初は養蚕を始めるがうまくいかず住宅経営を図り、旧家臣のための借家住宅を始めた。
　一般に現在のような所有権の分譲を見るのは大正期になってからである。明治期はまだ上層部の世界であり、一般庶民が土地を所有するのは大正期に入る。しかし、住宅地の計画という視点では、阿部家の開発は、借地借家経営とはいえ、道路、公園（当時広場・阿部様公園・現西片児童公園）、小学校（誠之小・明治8年）、阿部幼稚園（現区立西片幼稚園）などの基盤整備をしたエポック・メーキングなことであった。
　戦後は堤康次郎の箱根土地が加わりこの地区の台地上と台地下の開発を進めた。現在も街の景観や環境や基盤は台地上に保たれている。ちなみに誠之小の名称は阿部家の福山藩の藩校名で福山には県立誠之館高校がある。阿部家の教育熱心さが伺える。
　明治21年時点で総戸数約300戸であったという。明治期は学者村ともいわれ、学者、文人、文化人が多数住んでいた。阿部氏が社長で家臣が社員の阿部不動産的な組織体といえる。現在、現地を訪れても半島的台地上に都心とは思えない質の高い整然として緑豊かな街並みが形成されている。地区中央部の広場は2世代目のシイの木を中心にした区の児童公園となり、石碑が置かれ大正期に1世代目のシイの巨木を背にした住民の写真が掲げられている。

（公園内の石碑より）

明治期－東京の人口

東京の人口は加速度的に増え始め住宅地の必要性が迫られてきた。明治期まで東京の土地所有者は、貴族、華族、金持ち層がほぼ独占し1万坪以上の大地主が108人で東京の宅地の4分の1を所有していたという。また戦前までは殆どが借家で、大正11年東京府社会局の「東京及び近隣町村中等階級住宅調査」では93％が借家で、昭和5年時でも76％であったという。もっとも一般庶民層は持ち家志向が少なかったためもある。持ち家志向は戦後になってからである。

明治44年イギリスのハワード[6]が提唱したガーデンシティ（田園都市）構想が早くも伝えられてきた。同年に内務省地方局が「田園都市[7]」を刊行している。

明治の中頃から葉山、鎌倉、大磯などに別荘を持つ富裕層が増え始める。箱根強羅、軽井沢、野尻湖、山中湖などでも別荘開発が行われる。

江戸期の居住地の束縛から解放され大店の店主が店住まいから山の手（郊外）に居を求め始めた。大正8年の文部省の「生活改善展覧会」、10年の建築学会の「建築と文化生活」、11年の「平和記念東京博覧会」などで生活の欧米化、生活改善に向けた動向が進む。

橋口住助が明治42年「あめりか屋」を作り、部材一式を輸入したパッケージハウスをカタログ販売する日本で初の輸入住宅が始まった。

戦前の住宅地開発

明治維新からの急激な近代化で都市部の住環境の悪化が進んだ。ロンドンと同じ経緯をたどる。これは時代や地域が違っても都市の発展（国の発展）にはつきものなのであろう。近代化のプライオリティでは住宅政策には予算は無く、軍事費、戦費の負担も高かった。大正8年（1919）に初の公営住宅が建設されるが、焼け石に水の状態であった。

一方関係法律の制定、公布も整備され始まる。不動産登記法が明治32年、都市計画法が大正

6　エベネザー・ハワード（1850—1928）英国　近代都市計画の祖と呼ばれ社会改良家。
7　1907年ハワードの書籍を翻訳刊行。1980年「田園都市と日本人」講談社から復刻。

8年である。これらの法律公布は当時の社会動向に対応したものであった。この時代、期せずして住宅地開発を促進させることになる大事変の関東大震災（大正12年）が発生した。

また住宅地開発と連動するインフラ（infrastructure）として、電気は、明治19年に東京電灯会社が設立され大正初期の東京の普及率は78.2%、ガスは明治18年に東京ガスの前身が設立され、大正初期の普及率は47.8%、上水道の本格的普及は戦後で、昭和30年頃からである。

土地所有権による計画的分譲の住宅地開発は、東京信託が行った世田谷区の桜新町が初めてといえる。第1回販売は大正2年である。約7万1千坪（21,500㎡）がその開発規模だった。しかしこの開発も当時の立地から別荘地としての位置づけであり、特定の選ばれた層向けのもので文人、軍人、大店店主、官吏、芸術家、大学教師などである。

現在の東急新玉川線「桜新町駅」から徒歩圏内で長谷川町子の美術館があるところである。地区の中央部に国道246号（玉川通り）が通り分断されている。駅から通称「サザエさん通り」と名づけられた桜新町商店街に至り美術館を横目に246号を渡ると街並みの景観は一変する。桜の老木が街路樹となり両側に整然と並んだ街並みは敷地も大きく、緑を主にした外構の手入れも良く高質な住環境の状態を形成している。

明治期から大正期の東京の人口変化を見てみよう。

1905年（明治38年）240万人（日露戦争後）
1918年（大正 7年）300万人
1919年（大正 8年）400万人
1928年（昭和 3年）500万人

と急激な増加である。

この人口増加は東京市部ではなく周辺部である。当時の東京市部は江戸期とほぼ同じエリアで、15区制で他は郡部を形成している。この郡部で増加している。大正8年（1919）に公布された都市計画法に基づき大正12年東京都市計画区域が設定された。翌年郡部が廃止。
（資料2参照）

都市の拡大を促進する鉄道網と住宅地

都市の拡大を促進する鉄道網の状況を見る。明治18年日本鉄道（当時）により赤羽〜品川間が品川線という名称で開通した。現在の山手線である。明治36年池袋〜田端間が開通し山手線の骨格が見え始める。明治22年新宿〜立川間に甲武鉄道という名称で開通した。現在の中央線である。

東京駅の落成は大正3年、山手線が環状線として開通したのは大正14年（1925）である。

人口増と鉄道網の建設は比例し東京の市街化は郊外へ郊外へと広がっていく。需要は多く供給は追いつかなかった。昭和に入ると、大正期に開発の手を付けた住宅地は、震災による影響もあり住宅地として熟成してくる。また、山手線（環状線）が完成し、私鉄も延伸される。現在の私鉄のほとんどがこの時期にほぼ基本路線が通った。開発主体も電鉄、土地、信託の会社が生まれ、

各社が競うように膨大な量が供給される。

　手元にあるリストの数では500件を越す数である。（資料「近代日本の郊外住宅地」鹿島出版会）

　規模は、10宅地から大きいのは1,000宅地まである。現在良好な住宅地とされている世田谷区、太田区、目黒区等の住宅地はこの時期に開発整備されたもので今では当時の区域は分からず、現在の市街地に一体化している。しかし、その地区と思われる所に立つと今でも当時を彷彿とさせる。

　道路整備も碁盤の目状で、宅地規模も大きく、公園等も設置された事が伺える。多くは山手線の外側私鉄沿線で当然鉄道の延伸は鉄道の経営を見ると沿線人口確保、乗降客確保が必須条件となるためであった。その結果鉄道経営と住宅地開発は一体の事業となるのである。

　一方、首都圏の仕事場の増加、労働人口の増加で流入人口も増え、量的供給は社会的な要求になった。大正期のユーザーは富裕層が中心であったが、この時期はサラリーマン層、軍人、学者が対象となってきた。当時の開発[8]を見ると東京横浜電鉄、目黒蒲田電鉄、小田原急行、東武鉄道、京成電鉄、箱根土地、東京土地住宅、帝都土地、井の頭田園土地、郊外土地等が名を連ねている。これらの会社はその後解散したり、名称を変えたり、合併したりと変遷を重ねて、現在に繋がっているところが多い。

　当時の分譲は、宅地分譲が主で、建て売り分譲は戦後となる。但し、震災後の住宅困窮向けでは建て売りもかなりあったのではないかと考えられる。大正期に現在も評価の続く開発がいくつも成されている。蒲田の「吾等が村」がある。銀座で文具店を経営していた黒沢商店の黒沢貞次郎[9]がアメリカでタイプライターの技術を覚え日本で最初の国産品を作った。その工場と従業員用の住宅地で外部の人にも分けた。大正1年に用地を取得し130戸と小規模であるが池のある公園や小学校も設けたユニークなものであった。戦災で消滅し現在は富士通の工場となっている。

　日暮里の「渡辺町」は、現在もその環境は保たれている。一部に開発当初から設置され現在進学校として名高い開成学園（衆楽園[10]跡地）があるが住宅地の質は概ね保たれている。ここは当時三菱と並んだ財閥渡辺治右衛門[11]が大正4年に用地を取得して開発した。秋田佐竹家のお抱え屋敷（別荘、山荘）2万坪の土地であった。渡辺財閥の主幹渡辺銀行は昭和2年取り付け騒ぎで倒産した。

8　開発年表「近代日本の郊外住宅地」前出。
9　1875 – 1953　明治〜昭和の実業家。
10　秋田・佐竹家の別荘・庭園。
11　1872 – 1930　明治〜昭和の銀行家。

10代目の治右衛門のときであった。

　渡辺町と同時期、三菱は駒込の「六義園[12]」と周辺隣地一帯を明治11年に買収して住宅地を開発する。「大和郷」である。3代目岩崎久弥のときである。約40haで大正10年の分譲であった。現在地区内は当時の道路は変わらないにせよ宅地は区分化が進み新興宗教の建物が建つなど一部を除いて街並みは変わっている。

　大正の中ごろ堤康次郎[13]が「箱根土地」を設立する。箱根土地は当初は箱根強羅、軽井沢に別荘開発を進めるが、東京でも多数開発を進めている。中でも下落合の「目白文化村」は、大正7年に本社を設け、大正11年から昭和4年まで5期に亘り開発し販売を続けた。用地買収のまとまりが欠け地区の敷地形状は変形しているが内に入ると周辺の住宅地とは違う時代性が感じられる。住宅は新しいものもあるが外構がレトロなせいかもしれない。この文化村の名称は先に記した「平和記念東京博覧会」（大正11年上野公園で開催）の「文化住宅村」がモデルと言われている。後箱根土地は大正末期から大泉、小平、国立で大規模な開発を次々に進める。この3地区は堤康次郎が国会議員として欧米に視察をした折り、住宅地の発展、形成、人気は大学を核にすることだと認識し「学園都市」の建設構想を実現しようとしたものである。大正12年の関東大震災を受けてその対策として、需要を見込んで供給したものであった。神田一ツ橋にあった東京商科大学（現一ツ橋大学）が震災で壊れ移転先を探していた。その誘致を図る。武蔵野鉄道（現西武池袋線）に新駅「東大泉駅」─すぐに「大泉学園」に変更─を設け誘致するが失敗する。また同じ時期、小平でも明治大学の誘致が解約となる。しかし小平では津田英学塾（現津田塾大学）、国立では東京商科大学と東京高等音楽学院（現国立音楽大学）の誘致に成功する。

　大泉学園都市は165ha、小平学園都市は198ha、国立学園都市は264haと極めて大規模な開発である。国立の一部を除いて3地区とも共通しているのは地形が平坦、道路は直線で区画割りは正形に均等にとられ極めて合理的かつ無機質である。これは康次郎の企業家としての合理的な精神と重なるものなのであろう。また3地区とも供給量が膨大で販売は順調には進まず街が熟成するのは戦後となり、昭和30年～40年代となる。当時の販売宅地は100坪クラスと大きく、その規模を保つのは価格から見ても苦戦したようである。特に小平は交通立地から当時は遠く郊外地

12　1695年老中柳沢吉保が5代将軍徳川綱吉から中屋敷として拝領した地に庭園を造った。
13　1889 - 1964　実業家・政治家。西武グループの創始者。

であった。戦後もしばらく畑が多く、現在も端部のエリアにはその面影が残る。また近年は突っ込み道路[14]を入れ小規模宅地にして価格を抑

え買いやすくした商品の住宅を多数目にする。戦前買った人から業者が購入し建て売りにしたものであろう。

　箱根土地が前記のような開発を進める同じ頃、東急の前身である「田園都市㈱」を渋沢栄一[15]が中心になって興す。栄一の晩年で第一線から引いた後である。実務上は息子の秀雄が任に当たる。大正11年販売開始した「洗足田園都市」であり大正12年販売開始の「田園調布」である。2地区は兄弟開発である。先に開発分譲した洗足が兄で2地区を合わせて語るべきものである。田園都市会社の現地社屋も洗足に置かれ秀雄ら3人のスタッフで始められた。洗足地区は約28ha、574区画、田園調布は159ha、約1,100区画である。「田園都市の名もまだまだなじめず電報局で「『タゾノトイチ』さんと呼ばれた」と秀雄の日記（資料「田園調布」田園調布会）にあるという。秀雄は大正8年、7ヶ月の欧米住宅地視察に出かける。

　田園調布のモデルはイギリスではなくアメリカのセント・フランシス・ウッド[16]であると言う。マスタープランの原型は東京美術学校建築科から内務省に入り田園都市会社に入社した矢部金太郎[17]が作成した。ジグス堂[18]のあったシンボリックな駅舎も矢部の設計である。

　田園調布は今や高級住宅地の代名詞になった。80年の年月は多くのことが起こったが今も印象は変わらないように思える。宅地が区分されたところもあるがそれほど目立った変化はない。近年地区計画がかかり宅地規模の最小限度が165㎡（50坪）となっていることが今後どのような

街並みの変化に繋がるかは想像できない。

　大正10年住宅組合法が制定され全国で多数組合が結成された。東京でも293できたという。震災前から準備していたが震災で弾みがついた。これも都市部の環境悪化を憂いてのことであり田園指向の結果であった。

　大正13年山形県米沢市出身の医師小鷹利三郎が

14　土地の奥に出入りする ための道路。行き止まり道路。クルドサック道路。
15　1840年～1931年　実業家・近代日本資本主義の指導者。
16　サンフランシスコ郊外のニュータウン。
17　1976年没。都市計画家・建築家。
18　大正12年に完成の田園調布駅2階に開業した洋食と喫茶店。

中心となり「城南田園住宅組合」が設立された。当初のコンセプトに「組合組織を以って田園生活の一大楽園を創造」とあり、建蔽率[19]40％、150坪に1戸、生け垣の設置、境界から6尺のセットバックなど厳しい規定が作られた。近年は多少ゆるくなったと思われるが地区内数箇所に設置された「環境宣言」の表示が今尚当初の精神を維持していることの証である。面積69300㎡、44区画、平均宅地面積460坪という計画であった。後に55区画に変じたが、大和郷の住民の経験も交え環境形成に腐心する。当初は借地権であったが今は所有権者がふえてきたとも聞く。「城南」の城とは現在の豊島園が戦国期豊島氏の練馬城で、それからつけられたという。

大正末期から昭和の初めにかけて、先の箱根土地の開発例とは趣旨が違う目的で学園都市が作られた。「成城学園」「玉川学園」「南澤学園町」である。前2地区は小原国芳[20]、南澤は羽仁吉一・もと子[21]が開発した特筆すべき住宅地である。共通しているのは学園経営を維持拡充するために住宅地を造成し売り出したことである。

明治中期、小原は牛込の成城小学校に主事として入る。震災で移転地を探し府下北多摩郡砧村喜多見（成城）に用地を見つける。成城中学を運営するにあたり住宅地を売り出す。自ら図面を引き販売活動をした。全体135haで住宅地は122ha、平均宅地400坪であった。当時の販売キャッチコピーは『小田原急行電鉄の学園都市・理想的郊外住宅地分譲及び貸し地・成城学園後援会地所部』とある。田園生活をくすぐる文面である。東京の高級住宅地の1つとなるが田園調布とはイメージが違うのは、地区の南側に東宝砧撮影所ができため芸能人が多いことがその因であろうか。

小原はある理由から成城学園の校長を辞し理想の地を求め次の地へ移り玉川学園を建設する。昭和8年である。東京府南多摩郡町田町で当時は全くの田舎であった。100haの用地を買収した。講談社の野間清治[22]の個人融資を受けてのスタートであった。ここでも小原は「図画工作的まちづくり」の開発計画を進め販売活動を進める。昭和4年町田耕地整理組合を結成し小原が組合長となる。宅地規模は平均500坪で

19　土地面積に対して建物の1階面積の割合。
20　1887年～1977年　教育学者。鹿児島県出身。
21　ジャーナリスト・教育者。吉一は山口県、もと子は青森県出身。
22　1876年～1938年　講談社2代社長。

あった。小原家を含めて 15 家族でのスタートであったという。人口、世帯は年々増え昭和 60 年 6,500 世帯、18,100 人である。小原は昭和 25 年 91 歳で死去するまで半世紀かけて理想とする「全人教育」を目指した。創立 80 年の学園は今なお小原の理想を守り発展している。住宅地も成熟し人も緑も豊かで美しい街となっている。

　南澤学園町は、羽仁夫婦が明治 41 年「婦人の友社」を設立、大正 2 年目白に社屋と運動場などを設け活動を始めたことから学園町としてスタートする。羽仁夫婦は大正 10 年「自由学園」を創設した。建物は帝国ホテルの設計で来日していたアメリカの建築家フランク・ロイド・ライト[23]である。大正 15 年完成する。現在も池袋から歩いて目白に抜ける住宅地に明日館として国の重要文化財となり運営され結婚式や音楽会などに活用されている。羽仁夫婦は運動場の不足から郊外に広い土地を求める。それが西武線のひばりが丘で、約 10 万坪（約 33ha）であった。学園建設資金を得るため宅地分譲をする。昭和 4 年には二人も移転し、順次施設も移り、昭和 10 年に完了する。宅地は当初 300 坪、後 100 坪と 150 坪で分譲された。好評だったようである。2 人はそもそも新聞記者で、もと子は日本で初の女性記者とも言われているが単なる教育者ではなく記者として世の中を見てきた知識やセンスや調査能力が事業で役に立ったのであろう。吉一は昭和 30 年 75 歳、もと子は昭和 32 年 84 歳で亡くなっている。婦人の友社は創刊 110 年となり、住宅地も 80 年を過ぎ成熟している。住宅地の環境形成は先人の強い意志と後住民の意識で大きく変わってくる。良いモデルの一つである。

　東武グループは長い間多くのまちづくりを手がけている。その中で最も印象的なのは板橋区の「常盤台」である。この地区は北豊島郡上板橋村で「前野っ原」と言われていた。私鉄の東上線は、大正 3 年の開設で大正 9 年東武鉄道と合併し東武東上線となる。この用地は、東武鉄道が伊勢崎線と東上線を結ぶ新線敷設を計画し操車場を設ける予定で買収したのである。隣地に遊覧飛行場の滑走路があったという。新線計画はかなわず住宅地に変更された。飛行場も含め約 8ha の造成に昭和 10 年着手し昭和 11 年分譲開始する。全体のマスタープランは、内務省都市計画東京地方

23　1867 年〜1959 年　アメリカの代表的建築家。近代建築 3 又は 4 大巨匠の 1 人。

委員会の石川栄輝博士[24]の指導で若い官吏小宮賢一[25]と社員で進めた。

　開発手法は土地区画整理である。現在でもなかなか実現できない形態が多数盛り込まれている。地区内を回遊する緩やかなカーブ道路とその中央部に設けられた緑地帯やクルドサック道路[26]でありロードベイ[27]という珍しい空間である。

　540区画で60坪から100坪まで10坪刻みで区分し分譲している。多いのは80〜100坪である。この基盤計画（ランドプラン、土地利用）と宅地規模が現在もなお街の景観形成を支えている。東上線沿線で代表する高級住宅地となっている。

24　1893年〜1955年　都市計画家。新旧歌舞伎町の生みの親、命名者。
25　1911年〜1991年　都市計画家。建築内務官僚。
26　cul-de-sac　仏語　袋路地状の行き止まり道路。奥に車返し広場が設けられている。
27　road-bay　住宅を道路から後退させ緑地・植栽帯を設け、安全性と景観性を高める技法。

戦前までの主たる地区の全体図

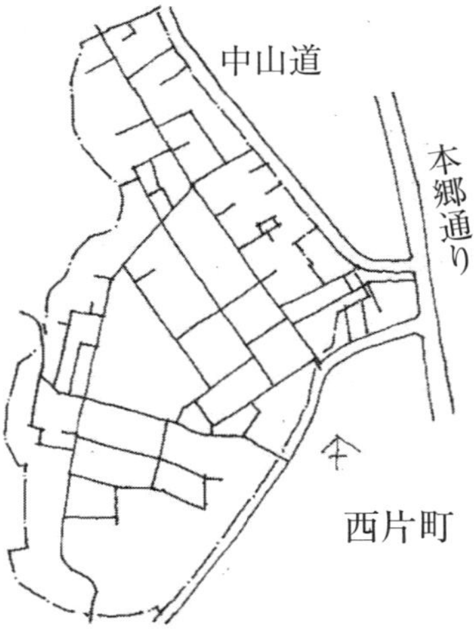

西片町

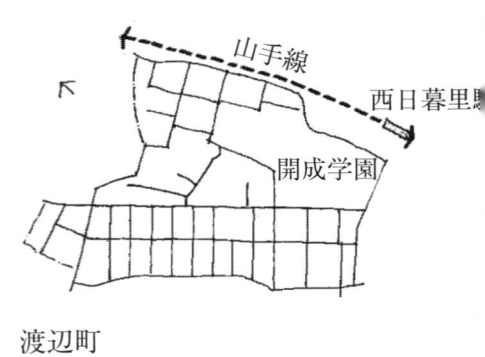

渡辺町

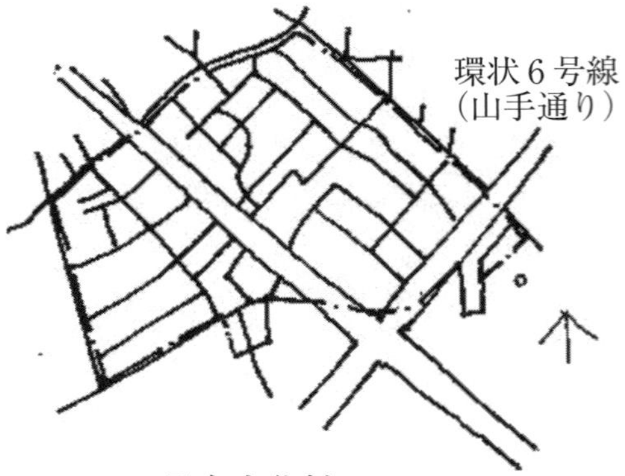

目白文化村

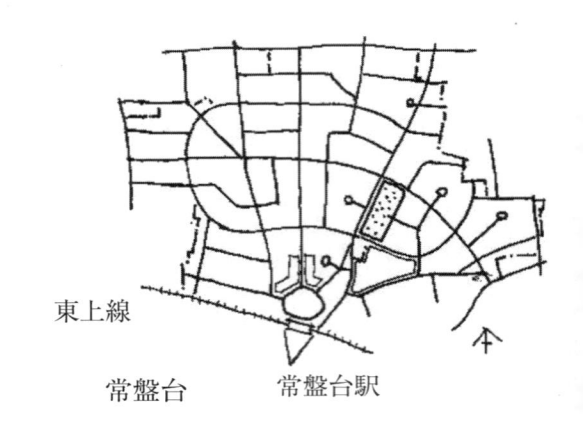

常盤台

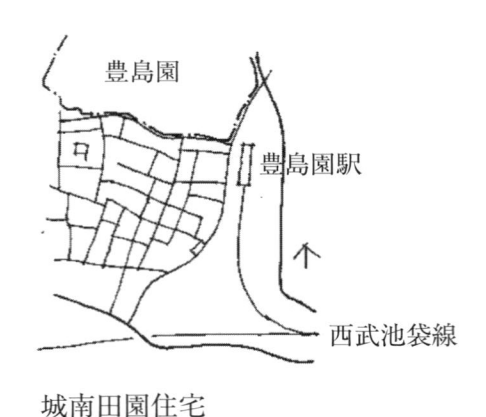

城南田園住宅

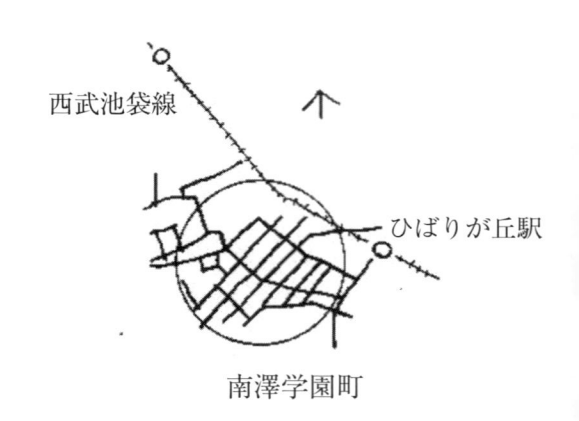

南澤学園町

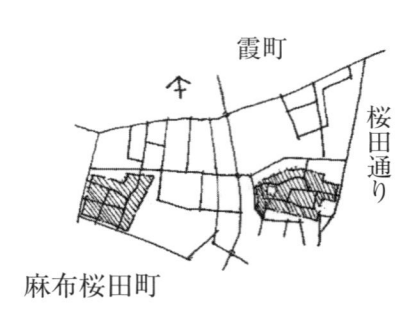

麻布桜田町

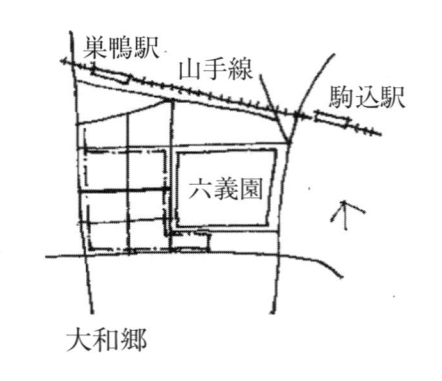

大和郷

1章　民営鉄道会社の住宅地開発
―昭和20年代・30年代―

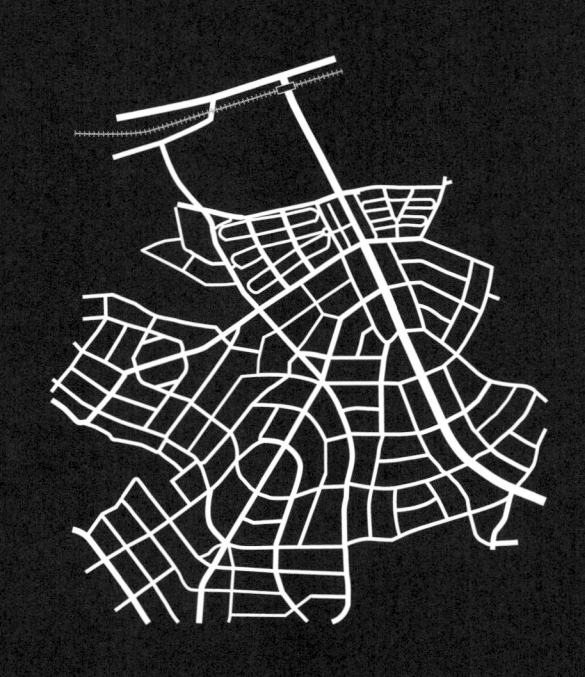

戦後の概況

戦後、東京は焼け野原となり戦前に形成されてきた住宅地がどの程度残ったのかは不明であるが、基盤は現在も受け継がれている。戦後全国では420万戸の住宅が不足していたと言われている。戦後の10年間は、「取りあえずバラックでも住むところを」と言った時代が続く。疎開先や外地からの引き揚げ者の帰る先が無く、さまよっていた。戦災復興もどこから手を着けてよいか混迷していた。

国の住宅政策も遅れる。民間の開発が本格的に始まるのは、落ち着きを取り戻し始めた昭和30年に入ってからである。また、住宅地も宅地分譲から建て売り分譲の時代が始まる。

住宅メーカーの研究が始まる。プレハブ[28]住宅の研究は、戦時中住宅営団から始まるが、戦後の住宅困窮対策として鉄骨・木質研究が前川国男氏[29]や浦辺鎮太郎氏[30]の手で本格的に始まる。プレハブの試作を始めたメーカーは、昭和55年の大和ハウスである。

昭和23年建設省設立、27年宅地建物取引業法公布、29年土地区画整理法公布、30年日本住宅公団が設立された。東急不動産は2年前に設立。この時期、いち早く住宅供給を始めたのは民営鉄道各社であった。昭和20年代～30年代鉄道各社は合併、吸収、統合されていたが戦後すぐに分離独立し独自に事業展開していく。沿線開発により住宅困窮者への供給と鉄道利用客の増加を図った。昭和40年代から多くのデベロッパーが設立するが戦後の20年間は民営鉄道会社が担ってきたと言えよう。

朝鮮戦争などの影響もあり急激に景気は回復傾向になる。昭和31年の神武景気、34年の岩戸景気、39年の五輪景気、44年のいざなぎ景気、47年の列島改造ブーム。しかし昭和54年の石油危機、61年のバブル景気に平成1年のバブル崩壊、以降の停滞した経済状況が続く。平成20年にはリーマンショックがアメリカで起き、社会が大きく変動してきた。

住宅地もその計画は社会変動に左右され影響を受けながら進められた。

公的開発では高蔵寺ニュータウン、千里ニュータウン（大阪府、昭和33年用地取得、1,160ha、15万人）、泉北ニュータウン、筑波ニュータウンが次々と順を追って着手される。東京でも多摩ニュータウン、港北ニュータウンが関西に多少遅れながら着手されてきた。イギリスやアメリカのプランニング思想・技法[31]が取り入れられたのもこの頃からである。コンタ[32]と言われる等高線をベースに造成図を書き始めるのもこの頃である。

民間では東急電鉄が「城西南地区開発」と言う名称で田園都市開発に着手した。昭和28年である。この開発は5,000ha、55万人という壮大な構想で、昭和34年野川地区の区画整理がスター

---

28 Prefabrication　あらかじめ部材を工場で生産加工し建築現場で加工を行わずに組み立てること。
29 1905年～1986年　東京大学卒。ル・コルビュジエの元で学ぶ、戦前から戦後の代表的建築家。
30 1909年～1991年　京都大学卒。倉敷の大原家と市関係に代表的作品が多数ある。
31 造成、造園、建築などハード面と生活、行動、コミュニティーなどソフト面から立案する方法。
32 Contour　等高線、起伏のある地形上の造成設計時に使う技術。

トし、完成は37年であった。まだ田園都市線は通っておらず五島慶太[33]が社長の時代で、すぐに五島昇[34]に受け継がれる。昭和41年田園都市線が開通し開発に拍車がかかった。区画整理とはいえ意欲的な住宅地形成がなされ始めた。

　昭和50年に入ると開発の波は神奈川から千葉、埼玉に移りデベロッパーも乱立し始める。60年代にはさらに拡大し、30km圏から50km圏の遠郊外地域へと拡大していく。但し、この開発の波も1990年初め平成初年のバブル崩壊と共にしぼみ始める。すでに用地を取得し開発を進め分譲を開始した地区ではそのまま事業を継続したが新たに大面積の買収は進まなかった。現在も新規に全面買収による大規模開発はあまり見られない。新たに買収して開発するのは100戸以下の小規模、短期事業が主である。

　振り返れば、宅地分譲を中心にした量的供給の時代から環境、景観等をコンセプトとした質的時代を経て今何と呼べば良いのであろうか。

　大手のデベロッパーによる大規模開発の時代に幕を下ろし、大手も効率の良い都市部とその近郊での小規模開発を手がけるようになり宅地の規模も、大正期70坪〜200坪、昭和初期60坪〜100坪、昭和30年代50坪〜70坪、現在30坪〜40坪と変遷する。

　これからの住宅地開発の方向は不透明で、むしろ環境や建物の商品性を問われる時代になってきた。建物の設計も個性化、差別化、ブランド化など今までの路線では通用しない商品作りが望まれる時が来た。ユーザーの指向、評価も厳しくなり開発主体も相当な工夫が必要と思われる。

33　1882年〜1959年　長野県出身。農商務省、鉄道院から東急。
34　1916年〜1989年　五島慶太の長男。東急2代目。

相模鉄道

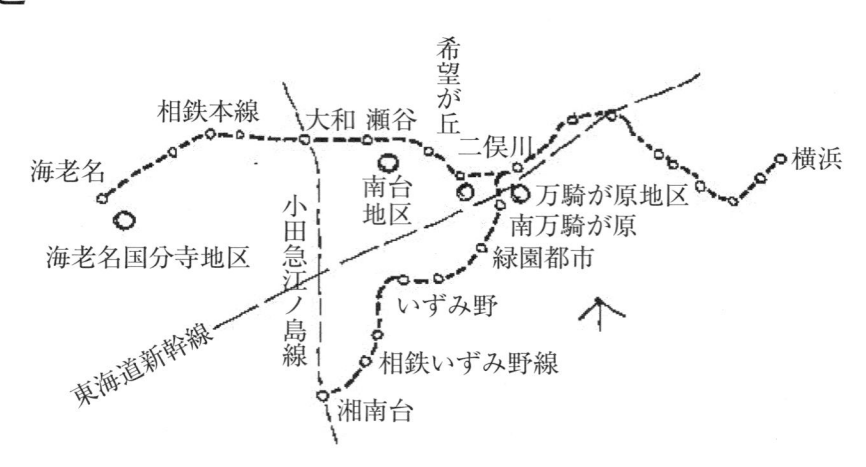

　東京の民営鉄道会社の中で戦後最も早く住宅地開発を始めたのは相模鉄道（相鉄）であった。昭和22年（1947）「希望が丘」地区と「三ツ境」地区である。戦後まもなくの年にこれだけの規模の開発を手がけた動機は一体何であったのであろうか。相鉄社史50年史にも記されていない。当然当時の状況を知る人はもういない。50年史にも前記2地区の記述はなく、記述はさらに10年後の「万騎が原」地区からである。

　東京の主要鉄道会社8社の集計表を見ても戦前から住宅地開発を進めて経験、実績を重ねてきた西武系、東急系とは違い相鉄は実績が見あたらない。そのような経緯の中で他社に先んじて昭和20年代の開発地区数ヶ所と供給数の多さは驚きである。

　相鉄の創業は大正6年（1917）で、東武の明治30年（1897）、京成の明治42年（1909）、西武の大正1年（1912）に次ぐ。相鉄は、日本の民営鉄道協会加盟大手16社中距離は最短、関東の大手鉄道会社で唯一都内に乗り入れ、相互運転をしていない鉄道である。

　横浜を起点とし、神奈川県東部地域（県主要都市部）をネットしている路線である。相鉄も他社と同様、様々な経緯を経て現在に至っている。始め茅ヶ崎〜八王子間の現在のJR相模線を創業路線として始めた会社である。現在の相模鉄道本線は神中鉄道と称し別会社であった。昭和18年（1943）吸収合併し、相模鉄道相模線と相模鉄道神中線と称した。相模線は、翌昭和19年戦時下の政策で国有化・鉄道省編入とされ現在に至っている。また一時経営を東急に委託し、東急厚木線、東急神中線と称した時期もあった。昭和22年（1947）東急から独立した。現在「二俣川駅」から分かれ「湘南台駅」に至る「いずみ野線」は、昭和51年（1976）〜平成11年（1999）にかけて新設整備された路線である。

　今回紹介する4地区は昭和20〜30年代に開発された12ヶ所、約250ha、約7,850区画の中でも大規模開発地区である。この中で先に記した昭和22年の独立時と同年に開発を始めた「希望が丘」「三ツ境」の2地区を合わせると、50ha、1,600区画となる。当時の経営陣の独立に向けた気概や意気込みなどが想像できる

希望が丘地区

所在地	横浜市旭区中希望が丘・南希望が丘
交　通	相鉄線希望が丘駅（横浜より13分）
面　積	32.3ha
戸　数	1037区画
着　手	昭和22年（1947）
手　法	許認可制度施行前の全面買収方式等による開発

　希望が丘の地名駅名は昭和23年（1948）当地区の開発に際し、住民の投票により付けられた。戦後の荒廃した中での復興に向けたネーミングであった。両隣の三ツ境、二俣川は既に存在していたが、ここは開発に伴い新設された駅であった。地区は相鉄線の南側の丘陵地帯で、その後通る東海道新幹線の北側の地域である。開発区域は当時の開発図が見つからず、古いパンフレットの航空写真から概ね想定した。地形は変形でまとまりに欠けているが当時の用地買収の結果であろう。地区内の道路線形は計画性に欠けている。軸となる幹線道路は無く、当時の造成技術、開発手法等から地形に併せて順次工事を進めていったと考えられる。現場を歩いても現代のような大造成技法ではない事は分かる。曲がりくねった道路、大小の擁壁、効率の悪い区画割りなどから伺える。しかしこれがかえって街並みの変化や意外性を形成している。

　開発地の中央部に県立希望が丘高校の敷地が位置している。当校は県下で最も古く明治30年（1897）旧制中学校として創設された伝統校で当初は西区、後に磯子区に移り、昭和20年戦禍で焼失昭和26年（1951）現在地に移転してきた。敷地は63,500㎡と県立高校では最大の面積を有している。地域の中でこの高校の空間はゆとりをもたらす空間となり、豊かな緑量は潤いをかもしている。移転してきた昭和26年から当地区の開発時と近似しており、開発に際し移転は決まっていたと考えられる。当時のパンフレットの表示に住宅金融公庫融資を「売り」に掲げていることから、昭和26年の公庫法公布辺りがピークであったろう。宅地の規模は60坪が標準で、既に建て売り分譲であった。

南台地区

所在地	横浜市瀬谷区南台
交　通	相鉄線瀬谷駅と二俣川駅
面　積	24.9ha
戸　数	820区画
着　手	昭和26年（1951）着手
手　法	許認可制度施行前の全面買収方式等による開発

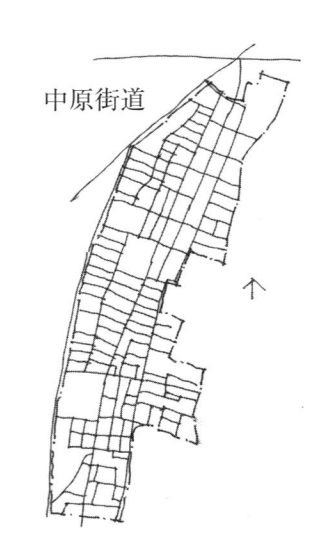

中原街道

　当地区は相鉄線「瀬谷駅」の南側で厚木街道と中原街道の交差するあたりから南側に位置している。地区は南北に細長い形態で、形状は比較的まとまっている。地区内には市営住宅も在るが、これは開発当初から横浜市との関係で、当時住宅難解消の政策の一環であったと思われる。地形的には平坦で、農地の転用と考えられる。地区内には2本の幹線道路が南北に背骨状に通り、整然とした区画で構成されている。地区内を歩くと、初期に建てられたと思われる平屋建て、瓦屋根の住宅がまだ見られる。敷地は60坪クラスが多いが、中には100坪の大きさの宅地も見られる。

　特長は見られないが庭木も良く育ち、生け垣の連接も見られ、静かで落ち着いた街並みが形成され、良好な住環境を保っている。一部に旧宅地を2分割した新しい都市型の建て売り住宅も見られるが数は少ない。

万騎が原地区

所在地	横浜市旭区万騎が原
交　通	相鉄腺二俣川駅
面　積	31.7ha
戸　数	904区画
着　手	昭和32年（1957）着手
手　法	許認可制度施行前の全面買収方式等による開発

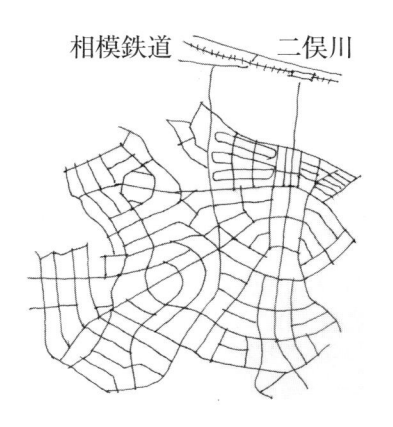

　当地区は相鉄線の中核駅「二俣川駅」の南側の緩やかな丘陵地で、地区の南側は横浜市こども自然公園である。二俣川の駅に降りるとこの公園への案内表示が目に付く。さらに昭和51年（1976）に新設された「いずみ野線」の「南万騎が原駅」が西方に在る。現在は2駅利用が可能な地区である。

　相鉄50年史の住宅地開発事例で最初に記されている団地である。

　昭和30年代に入りこれまでの開発の経験を経てさらに計画的に進めたようである。年史には50haとあるが、実際の団地としては30haのようである。これは西側に隣接、連接して神奈川県が開発した住宅地があり、そちらとの関係で表記面積になったのかもしれない。いずれにせよ相鉄としてはかなり力の入った開発であった。古いパンフレットの中に当時の現場の写真がある。雛壇造成の宅地に平屋建て、和瓦葺きの住宅が並んでいる。当時の建て売り分譲住宅の貴重な資料である。

　二俣川駅を降り、年を経て高木に育った豊かな街路樹のある商店街を行くと地区内に入る。

　商店街はにぎやかで緩やかな上り坂が当時の丘陵地をにおわせる。地区内の景観は、当時の一般的材料である大谷石の擁壁が多い。

　今はほとんど無くなった玉石の擁壁が印象的である。

　時間を経て変色してはいるが風味のある仕様となっている。建物は、当時のままとも思われるものも残り、庭木も充分育ち、潤いと落ち着きのある街並み形成を成している。

えびな国分寺台地区

所在地	神奈川県海老名市国分寺台及び綾瀬市綾西
交　通	相鉄線えびな駅
面　積	107.8ha
戸　数	3300区画
着　手	昭和37年（1962）着手
手　法	許認可制度施行前の全面買収方式等による開発

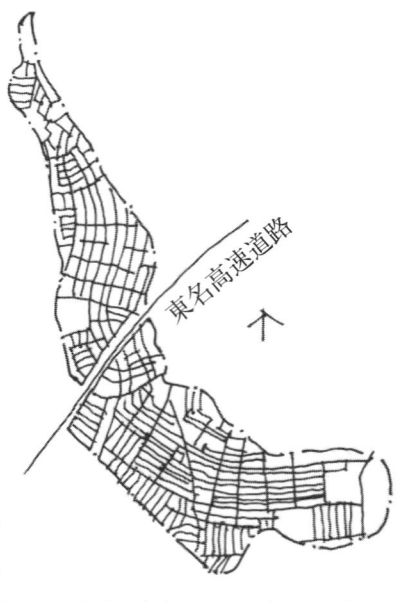

　当地区は、相鉄線の起点でもあり終点でもある「えびな駅」の南側で綾瀬市に接した部分と南端は綾瀬市に入っている、台地状の地区である。地区の主要部は駅から離れ徒歩圏ではないが、バス便の本数が多くフットワークは良い。地区は南北に約1.5kmと細長く、この中を2本の幹線道路が軸となり通っている。1本はバス路線で、幹線道路の中央部には長さ約300の沿道型商店街「国分寺台ショッピングロード」がある。

　この商店街は、当時は手法の1つで古い開発にはまま見られる形態である。当初に計画的に設置された駐車場、買い物歩道、連棟式店舗が並び物販、飲食、サービスと店数もある。繁盛の度合いは分からないが、シャッターが下りている店は無かった。

　地区の中央部を東西方向に東名高速道路が高架で横切っている。防音壁の関係か下を歩いても車の音はほとんど聞こえない。高速道路は、昭和40年（1965）に着工され43年に完成した。地区の開発時には既に道路計画が当初から組み込まれていたようである。販売初期のパンフレットには既に路線位置が記されている。

　住宅地は、万騎が原地区と同様に大谷石と玉石積みの擁壁、コンクリートブロックの塀、フェンスが並び、生け垣も残り庭木が潤いを醸（かも）し、初期の建物と建て替えた建物が混在した景観である。

　特記すべきは当時出始めたプレハブ住宅の導入である。多分このような民間住宅地でプレハブ住宅を建て売り住宅に取り入れた例はまだ無かったと思われる。数やメーカーは不明であるが貴重な記録であろう。時代背景上いわば地味で目立たない住宅地であるがここにわずかながら記録として残しておく。

東京急行電鉄

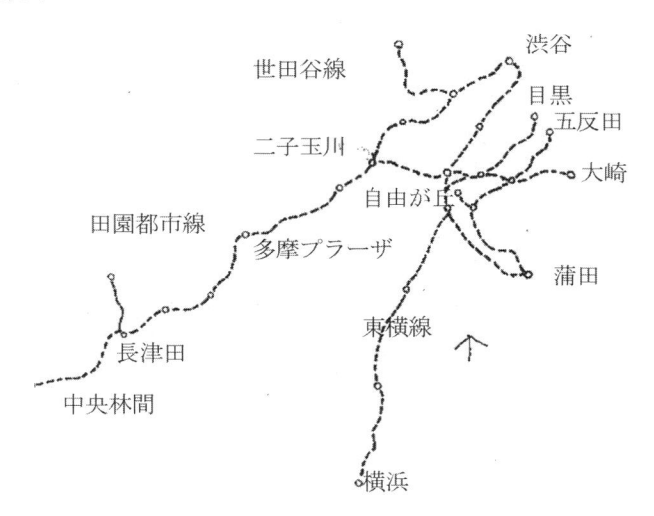

　東京急行電鉄（東急）の創立は、大正11年（1922）で蒲田電鉄に始まる。蒲田電鉄は翌12年目黒〜蒲田間の運行により始まるが、現在の五反田〜蒲田間の東急池上線となる。

　東急の歴史・変遷は複雑で分かりにくい。概略を記すと以下のようである。大正5年実業界の第1線を退いた渋沢栄一が余生を公共事業にかけて始めたことが遠因である。渋沢は、大正7年（1918）実業界時代の友人9人と「田園都市（株）」を興し、田園調布等の住宅地開発を進める。この田園都市（株）が、都市づくりの一環として大正9年に既に鉄道事業免許を取得していた荏原電気鉄道を譲り受けて実施したことから始まる。この鉄道経営を小林一三[35]の推挙で参加した五島慶太を責任者として充てる。五島は、元鉄道省総務課長で、退職し武蔵電気鉄道の役員をしていた。五島は大正11年鉄道を田園都市（株）から独立させ目黒蒲田電気鉄道（株）を創立する。その後諸状況が変わり、五島は昭和3年（1928）逆に田園都市（株）を吸収合併する。昭和4年には、大井町〜二子玉川間の大井町線が開通し、昭和14年（1939）には東横線（昭和7年に開通していた）を合併、昭和17年（1942）には京浜電気鉄道、小田急電鉄を合併し、東京急行と商号変更する。昭和19年（1944）には京王電気軌道も合併、まさに大東急時代である。

　太平洋戦争終了後の昭和23年（1948）過度経済力集中排除法により合併してきた会社が分離独立した。現在の関東地域の鉄道会社が整ったときである。現在東急の主要路線である田園都市線は、既に溝の口まで来ていた線を昭和41年（1966）長津田まで延伸開通し、昭和54年には、地下鉄半蔵門線との相互乗り入れ、都心部と直結し、昭和59年（1984）中央林間まで延ばし全線開通する。現在、東急の路線は、渋谷を拠点に世田谷線の1軌道を加え8路線、102.9kmである。

田園都市づくり

　五島は戦後の公職追放により一時会社から離れていたが、昭和26年（1951）解除となり相談

35　1873年〜1957年　山梨県出身。実業家、阪急グループ創業者。

役として復帰する。翌昭和27年には代表取締役会長に就任する。五島はかねてより温めていた構想があった。それが「田園都市構想」である。昭和28年「城西南新都市建設構想趣意書」を発表する。昭和29年には五島昇が社長に就任する。この構想が後の多摩田園都市でありその大構想、大事業の始まりでその後の東急を形成し、支えるプロジェクトだった。平成15年（2003）には開発50周年を迎えほぼ完成する。この間56ヶ所の区画整理地区を仕上げ、3,206haの開発を成し、地域人口も当時2万人が55万人となった。

この構想名で言う「城」とは東京を指しているようであるが、その説明記述は残念ながら見あたらない。社史にも当然のように使われている。五島の付けた名称か、一般に使われていた名称かは定かでない。東京から見て西南で、多摩川を越えた西南地域一帯を指している総称である。名称は後に「多摩川西南新都市計画」と変わり「多摩田園都市」となる。手元の資料に、25年史、35年史、50年史等がある。当時関わった学識者が空前絶後の開発と称している。

社史に昭和30年代末と思われる構想図がある。完成した現在の地図とは多少のズレがあるが概ね合っている。この中で東急ターンパイクという道路が引かれている。ターンパイクとはイギリスの有料ゲートからきている道路の有料化の発想である。箱根ターンパイクが有名である。メインとサブの2本が引かれ、渋谷から江ノ島までの構想である。これが現在の国道246号（サブターンパイク）と第三京浜国道（メインターンパイク）となる。サブは、既存の厚木街道を基本としたが、メインの方は全く新しい計画だった。しかし、昭和31年（1956）に創立した日本道路公団が第三京浜を計画したため東急のターンパイク計画は断念する。ユニークな思い切った発想であった。当構想での開発は、当初一団地単独開発（現在で言う全面買収による開発行為方式）を考えていたが、地元への還元、協力や買収状況などから土地区画整理事業方式に切り替える。区画整理は、耕地整理を目指し、明治期に制定された手法であるが、大正12年の関東大震災後の市街地整備まであまり使われない手法であった。現在は当たり前に使われているが当時はまだ耳慣れない手法で、権利者にとっては先祖から預かっている大事な土地の目減りは納得できないものであった。一部の行政でも一民間事業者の利益のためにこの手法を許可するのはどんなものかとの意見もあったという。この手法を全面的に採用するとした決定も五島がしたのであろう。手元資料の中に田園都市50年史というＤＶＤがある。当時の事が、実写で流れ、地権者の語る思い出が収録されている。一方分厚い社史には当時の苦労が綿々とつづられている。

私も昭和40年代この開発をかいま見ているが、建築家菊竹清訓[36]がまちづくりに参加しメタボリズム[37]を実践すべく計画案を作り建築界に話題をまいていた記憶がある。―私にとっていつかこのような仕事をしたいと考えていた若き日の憧れであった―。この多摩田園都市に関しては、後の章で再度触れる。このような背景、動向の中で生まれたのが「野川第一地区」である。この地区が多摩田園都市の第1号の開発で、東急が戦後開発した最初の開発地区である。

---

36 1928年～2011年　福岡県久留米市出身。建築家。
37 黒川紀章や菊竹清訓ら当時日本の若手建築家・都市計画家グループが開始した建築運動。新陳代謝（メタボリズム）からグループの名をとって社会の変化や人口の成長に合わせて有機的に成長する都市や建築を提案した。

野川第一地区

所在地	川崎市宮前区野川
交 通	田園都市線「宮崎台駅」「梶ヶ谷駅」バス便
面 積	22ha
戸 数	不明
手 法	土地区画整理

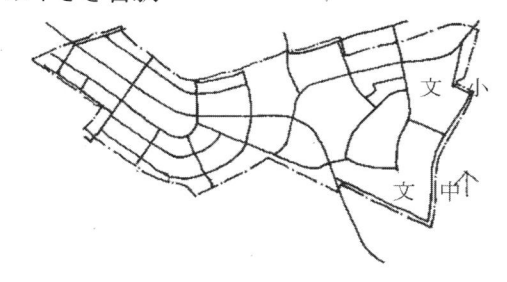

　地区は小高い丘陵地に開発された住宅地である。第一とは、野川地区で第二、第三と続ける予定であったためだがそれは実現されなかったようである。

　現在は、事業名とは別に街のイメージを印象付ける団地名を付けるが当時はそのままの場合が多い。地区は第三京浜が東方に通り、国道246号（厚木街道）が西方に通り、さらに西方に田園都市線が通る。道路交通は地区の主出入り口が246号側である。当初の壮大な構想図では地区の位置を特定できない。野川地区はどうも入っていないようである。

　東急は壮大な開発に先んじ、モデルケースを3ヶ所設定した。荏田地区（横浜市港北区）、恩田地区（同左）そして野川地区である。3地区はほぼ同時に用地交渉に入るが最も早く進んだのが野川地区だった。事業の概略経緯は下記のとおり。

昭和30年（1955）開発委員会発足
昭和32年（1957）開発計画策定
昭和33年（1958）組合設立（会員108名）
昭和34年（1959）第1回総会開催、組合と東急が事業代行契約
昭和36年（1961）入居開始
昭和37年（1962）組合解散

22haの内、西側半分（246号側）が1戸建て住宅用地、東側が集合住宅用地で、東西に細長い敷地形態である。この中央部を東西に幅員15m両側歩道の幹線道路（川崎市の都市計画道路）が通過している。西側では246に結ばれている。中央部に商業、業務のセンター用地があり、公園が3ヶ所配置されている。

　ここで素朴な疑問として、10ha近い集合住宅用地を設定した理由、背景、成立性などが浮かぶ。昭和30年代にこれだけの規模の集合住宅用地をよく取ったなーと。予想としては、戦後の住宅困窮で、大量の住宅供給を目指すための土地利用であったのかもしれない。まだ田園都市線は開通してはいない。昭和41年に開通するため当然工事が進められ、数年後には便利になるとの約束のもとに進められて行ったのであろう。しかし資料を読むと、この地区の事業の進捗はけっしてスムーズに進んではいない。反対者、非協力者もあり、東急排除の運動も起こり、川崎市への働きかけも起こった。お互いに慣れない事業からの誤解も生まれたことであろう。事業代行者の苦労は大変で、ハードよりソフト、いわば人間関係の調整に多大なエネルギーが費やされる。

野川地区がこの時代7年間で事業終了（街としての完成は別であくまで基盤整備）を成したのは賞賛に値するであろう。このように第1号の事業を成しモデルができたため今後の事業には大変参考になった。

　現地を訪れるため宮崎台駅で降り歩いて向かった。国道246号側から入り緩やかな坂道の幹線道路が切り通しと高木化した街路樹の間を通り、地区内に入る。坂を登りきると明るい街並みが道路の両側に連なり心地良さを感じさせる。横道に入り1戸建て街区を歩くと或る時代を感じさせる街の景観となる。

　初めての入居が昭和36年だが、その後入居が進み住宅が並んだのはいつ頃なのであろうか。古い家は40年だが多くは30年ほどではなかろうか。現在平均的建て替えは30年と言われる。見た目はまだ多くの家は新築物ではない。ぽつぽつと新しい家も目に付くがこれから始まるのであろうか。外構の擁壁は、大谷石やコンクリートが目立つ。生け垣も多く庭木も育って全体には手入れは良い。住民の高齢化も進んでいることと思われる。外構の手入れもままならない状況に入っているかもしれないがその兆候は顕著には見られない。

　さらに進むとマンション群が出現してくる。集合住宅用地に建てられたもので大きな福祉住宅もある。このマンション群は古さを感じさせないデザインであり仕様である。管理が良いのかまだ年数が経っていないのかは分からない。当初はどんなであったろうか。しばらく空き地であったか、アパート経営をしていたのか古くからの住民の方にでも聞かないと分からない。一部この集合住宅地に近年建てられた都市型戸建て住宅が1列に並んでいるのが目に入る。

　さらに東に進むとまた1戸建て住宅が並び、集合住宅用地の戸建て住宅への変更が見られる。これは時代の動向やマーケットからままあることである。東端部には小学校、中学校が並んでいるが、当初から予定していたことではなく、内部の街区レベルの事業化を進めていく過程で生まれたと思われる。地区内や周辺人口も増え、教育施設の設置が望まれた結果であろう。

　現在の地図で状況が見えるが土地はほぼ埋まっている。地区の周辺部にも住宅が並び市街化されつつあるが、まだ隣地は農地が接し山林も残り住環境としては良好と言える。

　田園都市はこの野川地区から始まり、昭和30年代末から仕掛けた事業が昭和40年代に次々と実現してくる。

1章　民営鉄道会社の住宅地開発

小田急電鉄

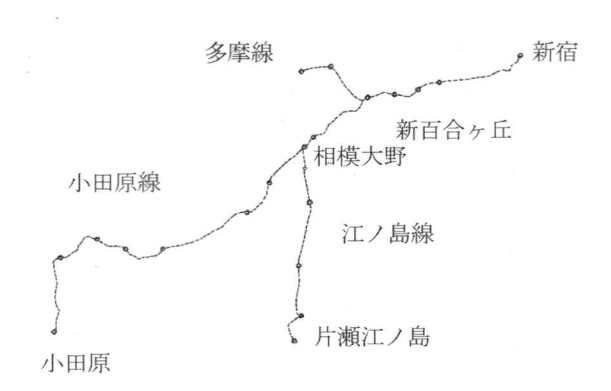

　小田急電鉄の前身は大正12年（1923）設立の小田原急行鉄道で、昭和2年（1927）新宿～小田原間の小田原線82.8kmの開通に始まる。

　昭和4年（1929）大野（相模大野）～片瀬江ノ島間の小田急江ノ島線を開通させ、昭和15年（1940）現在の井の頭線を経営する京王電鉄の帝都電鉄と合併し、翌16年小田急電鉄と改称する。さらに、翌17年京浜電気鉄道（現京急電鉄）とともに、陸上交通事業調整法により東京横浜電鉄に合併し、東京急行電鉄となり戦後に至る。太平洋戦争終戦後昭和23年（1948）今度は、過度経済力集中排除法により各社分離、独立して小田急電鉄として新たに発足する。

　昭和25年（1950）には、箱根登山鉄道に乗り入れ、新宿～箱根湯本間の直通運転を開始した。さらに昭和49年（1974）には東京都と建設省により開発された多摩ニュータウンの主要交通軸となる小田急多摩線を新設し新百合ヶ丘から小田急永山まで開通させる。翌50年には小田急多摩センターへ延伸し、平成2年（1990）唐木田へ延伸し多摩線全路線が完成した。そして昭和53年（1978）地下鉄千代田線と相互乗り入れを開始し、赤坂、日比谷、西日暮里を経て綾瀬に至る都心を貫くルートが完成する。

　小田急は、線路が延びていく中、乗客誘致を図るべく、箱根を核とした観光、レクリエーション事業に力を注ぐ。また沿線の人口増を図るべく住宅地開発事業にも本格的に参入していく。

　戦前では、昭和3年（1928）～6年（1931）の間に5ヶ所、145ha（区画数不明）が開発されている。また、小田原線開通前に相模大野、大和、座間で約300ha、江ノ島線沿いで80haの用地買収を進め、「林間都市」建設構想があり、昭和2年（1927）に着手したとある。この中で、南林間、中央林間では5000戸の供給計画があり、昭和4年（1929）から分譲開始したが、昭和16年（1941）の太平洋戦争勃発により構想は中断した。

　その中で、昭和6年（1931）「相模カントリークラブ」がオープンし名門コースとして現在に至るが、当時まだまだゴルフ場の数は少なかった時代の珍しいコース営業となる。

　手持ち資料では、南林間91ha、127区画、中央林間21ha、49区画となっている。2地区は、当時は遠い郊外であるが、並行して祖師ヶ谷大蔵16.5ha、喜多見・狛江13.2haと近郊でも開発を進めている。他の資料の数値とは異なる部分もあるが、公的開発の少ない当時の住宅供給（特に1戸建て住宅）が主に民営鉄道会社により進められて行った証であろう。

高森第1地区（あかね台）

所在地	神奈川県伊勢原市高森
交　通	小田急小田原線の「愛甲石田駅」駅からバス便1.5km程
面　積	面積33ha
戸　数	約870戸
着　手	昭和39年（1964）
販　売	昭和48年（1973）第1次販売

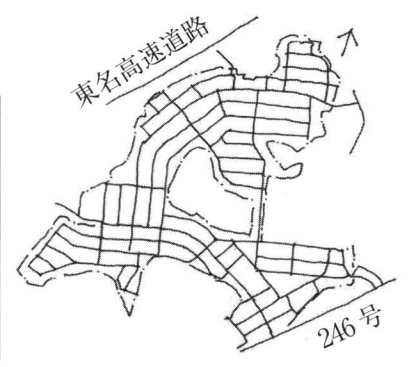

　当地区は東名高速道路（昭和40年着工、43年完成）と国道246号（厚木街道）に挟まれた緩やかな台地状の立地で住宅公団の中層住宅地「高森団地」が隣接している。

　過日地区を訪れた。約30年を経ている。当時の販売パンフレットに販売風景、街並み、建て売りプランが掲載されている。商品規模の平均は、宅地面積は約200㎡（60坪）、建物面積約95㎡（30坪弱）3LDKである。当時では建て売り住宅の平均的な規模である。

　全体の敷地形態は、用地買収の関係で変形開発地ではあるが、地形に合わせた道路の敷設、効率の良い区画道路と区画割りがなされている。幅8mと思われる片側歩道付きの地区内幹線道路が地区内をループ状に通り、南北軸、東西軸の小街区が適宜ぶら下がっている。気になった東名高速道路沿いのブロックは道路が北側に在り、日照や景観上は気にならない。車の騒音も防音壁が効を成しこれも気にならない。国道246号からも入り込んでいるため住環境への影響は無い。むしろ交通至便と言える。公団の中層住宅群は、時代を感じさせる味気ない建物のデザインと配置ではあるが、外部空間は広く、整備、清掃が行き届き、緑が豊かで住環境を高めている。駅からは、循環するバスルートがあり利便性は高い。

　街中のたたずまいは、宅地面積も大きめで建て詰まりはなく、庭木も育ち整然とした街並みに生け垣や庭木の高木が多く、手入れも良く、落ち着きと潤いがある。建物は、まだ古くても30年物で建て替えのタイミングではなく当時の建物が建っている。敷地分割した小規模の建て売りなどは見あたらない。当初の住環境が維持されている街である。

　小田急は、不動産部門の充実を図り、多摩線建設に伴い大規模開発をこの沿線で進めた。柿生第二区画整理、玉川学園奈良・成瀬団地、黒川第一区画整理などがあるが、昭和50年代の開発ブームに入ってからである。

京王電鉄

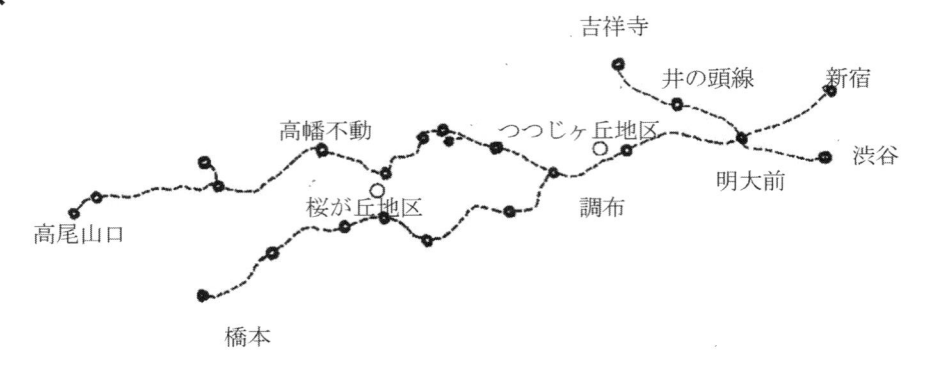

　京王電鉄（以下京王）は、昭和23年（1948）設立され、平成10年（1998）50周年を迎え、京王帝都電鉄から京王電鉄に改めた。前身は古く、明治43年（1910）設立の京王電気軌道で、大正2年（1913）笹塚〜調布間の開通、大正5年（1916）新宿〜府中間の開通、昭和1年（1926）府中〜東八王子間の開通と既に営業していた玉南電気鉄道を合併し、新宿〜東八王子間の営業開始となる。昭和8年（1933）には、井の頭線が渋谷〜井の頭公園間で開通し、昭和9年（1934）吉祥寺まで全線開通する。現在の高尾までの延伸は、昭和42年（1967）である。

　昭和15年（1940）帝都電鉄は、小田原急行鉄道（現小田急電鉄）と合併、昭和17年（1942）陸上交通事業調整法により小田急、京急とともに東京横浜電鉄と合併し東京急行電鉄となる。京王軌道も19年合併し終戦を迎える。昭和23年（1948）今度は、過度経済力集中排除法により分離、独立し、新たに京王帝都電鉄が生まれる。

　京王は、独立後戦災復興から事業の多角化を図るため乗客誘致を進める。既に沿線には、住宅、学校、事業所の進出が進み始めていた。京王は、旅客誘致策として、沿線の観光、レクリエーション開発を進める。ハイキングコース、平山城址公園、東京朝顔園、京王遊園、東京菖蒲園、百草園などの整備である。

　一方、昭和30年（1955）には、田園都市建設部を開設し、本格的に沿線の住宅地開発を始める。

　昭和32年（1957）「つつじヶ丘住宅地」を手がける。地区は、三鷹市と調布市にまたがる約6ha、190区画と小規模だが、金子駅をつつじヶ丘駅と改称する力の入ったものであった。資料によれば、戦前、昭和20年代の覧は空白であるが、30年代は、11ヶ所101ha、1960区画とある。「桜ヶ丘地区」を除くと1〜6ha、32区画から189区画と中小規模である。

　昭和42年（1967）、高尾線開通と同時に八王子市で「めじろ台」80ha、2130区画、45年（1970）「東めじろ台」52ha、800区画が進められる。

桜ヶ丘地区

所在地	多摩市桜ヶ丘町
交　通	京王相模原線「京王永山」駅の北（多摩ニュータウン内を通る調布～橋本間）京王線「聖跡桜ヶ丘」駅の南
面　積	78.7ha
戸　数	1450区画
着　手	昭和35年（1960）
販　売	昭和37年（1962）

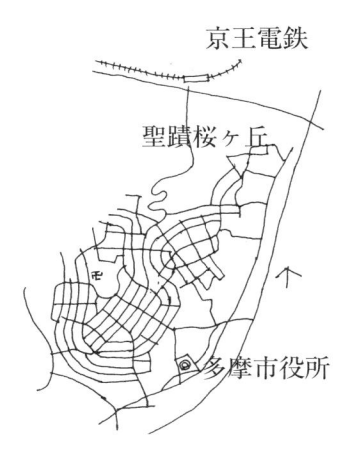

　当地区は、永山側からは乞田川、鎌倉街道を越えた丘陵地帯に開発されている。反対の聖跡桜ヶ丘側からも同様で、かなりの登り坂を上がっていく。京王の戦後始めての大規模開発である。残念ながら当時のパンフレット等の資料は無く詳しい状況は分からない。

　尾根線を南北に貫く幹線道路（桜ヶ丘東通り、桜ヶ丘西通り）を軸に、全体に揺るやかなカーブ道路が地区内に設置されている。中央部には近年全く見かけなくなったロータリーが在る。交通量も少なくロータリーではスムーズに流れている。現況の丘陵部に合わせた造成、道路敷設を進めたのであろうカーブ道路と共に街のシークエンスに適度な変化と心地よさをかもしている。

　地区内にはかなり坂が多く、道路と宅地の段差が大きいところが目立つ。当時まだ供給が多かった大谷石や玉石積みの擁壁が目立つ。街並みや建物は、宅地も大きめのせいか質感が良い。古くは、35年ほど経っているため建て替えも結構進み新しい建物が目立つ。レベルの高いデザインや質感である。高低差があるせいか見上げるような宅地もある。日照や通風など住条件も良いであろうが、日常生活で徒歩での上り下りはいささかしんどい世代が増えているかもしれない。庭木は良く育ち、手入れも良く郊外の閑静な住宅地の1つと言える。地区の一部からは、多摩丘陵が望め見晴らしの良い立地である。

　京王相模線（多摩ニュータウン側）は、昭和41年（1966）建設を開始し、昭和49年（1974）に京王よみうりランド～京王多摩センター間が開通しているため、初期入居者は当初聖跡桜ヶ丘側からの利用であったと推測できる。高低差の大きさからは、永山側の方が比較的少ないので現在は永山利用が多いかもしれない。聖跡桜ヶ丘側とはいろは坂通りで結ばれているが道の形態、線形からみて傾斜の度合いはきつそうである。

京浜急行電鉄

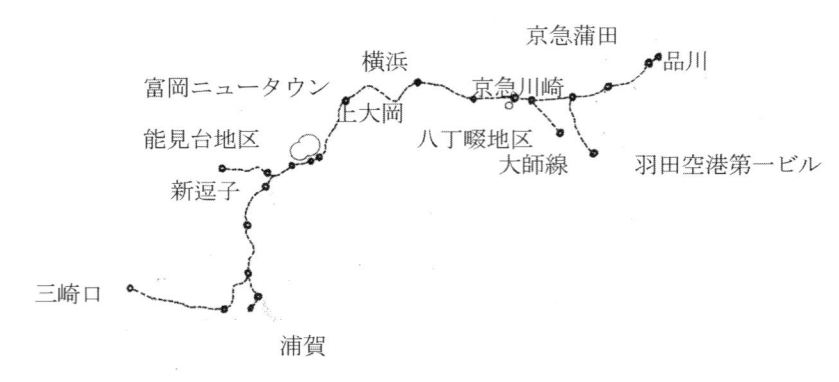

　京浜急行電鉄（株）は明治31年（1898）横浜電気鉄道（横浜～大師河原町）と川崎電気鉄道（川崎大師～川崎町）が合同して創立された「大師電気鉄道（株）」が母体の鉄道会社である。関東でも最も古く、日本でも京都市電、名古屋電気鉄道に続いて3番目に古い鉄道会社である。

　明治32（1899）に上記ルートが開通すると、社名も京浜電気鉄道（株）と変える。明治37年（1904）品川に乗り入れ、翌38年には品川～浦賀間、昭和5年（1930）には金沢八景から分かれ新逗子に至る逗子線が開通し、現在の主軸路線が形成された。

　昭和17年（1942）陸上交通事業調整法による事業統制により東京急行電鉄と合併させられた。太平洋戦争後の昭和23年（1948）今度は、過度経済力集中排除法により小田急、京王と共に分離独立し、「京浜急行電鉄（株）」として発足する。

　ホームページでは、この時期を創立年としている。戦後は、堀之内から分かれ、駅を1つ1つ増やし、路線延伸を進め、三浦半島の三崎口までの久里浜線が昭和50年（1975）開通する。ちなみに、既成の市街地図の中で、さらに一駅延伸する路線が点線で記されているがまだ実現してはいない。当面開通予定は無いとのことである。また近年開通した京急蒲田から羽田空港に至る空港線はかなり以前からあったが、駅の廃止、新設などを繰り返してきた路線で、開通は平成10年（1998）である。営業路線距離は87kmである。また都営浅草線、京成線、北総線との相互乗り入れもしている。三浦半島から千葉に至る長距離路線となっている。

　京急の住宅地開発の歴史は古く、大正3年（1914）の生麦住宅地に始まり、大正11年（1922）の八丁畷（はっちょうなわて）地区を進めた。その後戦争などで中断はあったが、現在に至るまで多くの開発、供給を進めている。生麦地区は5ha、八丁畷地区は65haの宅地分譲であった。

　この時期に開発された事例では、蒲田黒沢村（大正1年）、世田谷区桜新町（大正2年）、日暮里渡辺町（大正5年）、文京区大和郷（大正9年）、田園調布（大正12年）などがある。この時代の社会背景では、他の事例でも見られる純然たる住宅地とは限らず、リゾート地、別荘地としての色合いが伺える。

1章　民営鉄道会社の住宅地開発

八丁畷地区
(はっちょうなわて)　戦前の開発であるがユニークな事例のため掲載

所在地	横浜市平安町、川崎市京町
交　通	京浜急行、南武線「八丁畷駅」
面　積	65ha
戸　数	不明
販　売	大正11年（1922）宅地分譲

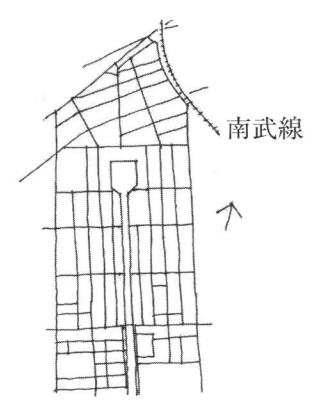

　八丁畷地区は当時としてはかなりまとまった開発で、大変エポックな住宅地であったと思われる。ＪＲ南武線と京急が交差している箇所の南西部で、現在の川崎市川崎区京町と鶴見区平安町にまたがっている。区画割り図を見ると整然とした道路が南北、東西に引かれ、現在もそのまま維持されている。中央部の太い部分は運河で、北側の車返し状の部分は「物揚場」と記されているが船だまりである。この運河を軸に街は形成されているユニークな形態である。運河が何時の頃まで活用され、残っていたかは不明であるが割と近年まで在ったのかもしれない。現在は業務用施設や新しいマンションが建っている。地区の北側には広幅員の第１京浜国道（当時は京浜新国道）が通り一部分断している。

　八丁畷駅からはこの国道を渡り、地区の主要部に至る。地区内には、にぎわっている近隣商店街があるがこれも何時の頃からあるかは分からないが、かなり古いようである。

　区画割り図の南側に白抜きの四角があるが、当初から設けられていた平安小学校である。その後、地区北側の運河の物揚場跡に京町小学校が設けられている。

　住宅地としては、区画規模は大分小さくなっているようである。街並みは下町風の建て込んだ特長のない市街地となっているが、道路が5m～9m程で整然と通っているため密集的印象は薄い。当時の面影を探してみたが、高木となった庭木や、大きな宅地と建物がわずかに見られる程度である。また近年増えてきた狭小宅地に区分された都市型建て売り住宅が多く各所で見られる。街を歩いて整然とした道路の割には車量が少なく静かな街の印象が残った。川崎市の下町、庶民の街との印象であった。

富岡ニュータウン

「京急ニュータウン富岡」と「京急ニュータウン金沢能見台」を併せた総称を釜利谷開発と称していた。

所在地	横浜市金沢区富岡西、磯子区杉田町
交　通	京浜急行京急富岡駅、能見台駅
面　積	1500ha
戸　数	3940戸
販　売	昭和30年（1955）〜平成8年（1996）40年間

　戦後の昭和20年代、30年代の20年間、京急が開発し供給した住宅地は、15ヶ所、約100ha、約2500戸（区画）である。かなりな量である。その中でも最も大きくかつ計画的に進められたのが「京急ニュータウン富岡」である。

　京急では、昭和27年（1952）事業部内に不動産課という専門部門を設け、沿線の住宅地開発を積極的に進めるべく体制づくりをした。また昭和33年（1958／東京タワー完成）には京急興業（現京急不動産）が設立され体制は強化される。富岡駅と能見台駅の西側丘陵部の開発を進める。

　現在この地域一帯は膨大な住宅地となっているがそのスタートが富岡地区である。その後エリアは連接して京急ニュータウン能見台が開発され、開発境界線は地番でしか分からない。富岡は、昭和30年（1955）から平成8年（1996）の足掛け40年に亘って供給している事業で息の長い開発である。供給は、能見台と交互に進められている。

1期：S30年　195戸　　2期：S32年　299戸　　3期：S34年　 62戸
4期：S36年　405戸　　5期：S38年　269戸　　6期：S40年　367戸
7期：S43年　741戸　　8期：S46年　875戸　　9期：(年度不明) 398戸
10期：(年度不明) 331戸

と概ね2年毎に進められている。

　富岡駅前には駅前広場は無い。いきなり道路に面しているのにはとまどった。富岡のような大規模な開発を進めるにはいささか寂しい駅前の印象である。高架の富岡駅のホームからは丘陵地帯に連なる街並みが望める。線路を挟んで大きな緑地帯的な谷戸が連なり、住宅地は中腹から尾根部にかけて展開している。駅前からこの谷戸部に向けて水路の在る緑道が設けられている。バス乗り場も分かりにくくきつい坂を登った所にある。バスで地区の中央部まで行き、比較的初期の分譲街区に至った。

　街は坂が多く、曲線道路も多く、宅地は道路との段差がかなりある。この造成要素が街の特長となる景観、街並みを形成している。高台に設けられた西公園は、広い芝生の公園で気持ちの良い所であった。ここから街の主要部が望める。緩やかな斜面に住宅が整然と連なっている。街の途中からは根岸湾の海が望める。夏の暑い夜、海からの涼風が通り快適な生活が想像できる。

　開発当初の家も残っているようであるが、判然としなかった。宅地分譲が主であったが、1期から採用された住宅金融公庫融資の住宅分譲も70戸あった。敷地面積70坪、建物面積33〜40坪で宅地も家も大きく、庭も広く、庭木も良く育ち生け垣も整備されている。

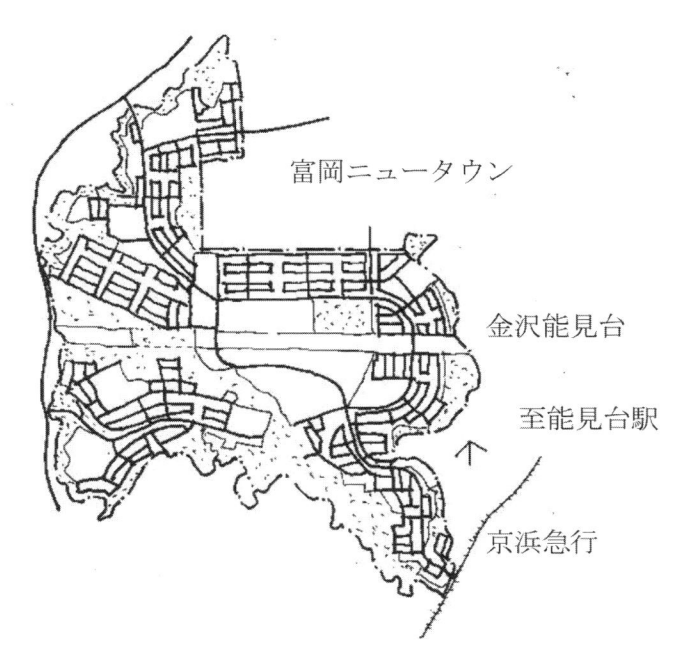

1章　民営鉄道会社の住宅地開発

富岡ニュータウン

金沢能見台

至能見台駅

京浜急行

開発は、昭和30年と半世紀前であるが、供給年代が新しいのもあるせいか古い時代の印象は無い。何百メートルかに亘り長い直線の緑道が街区内を通っている。このような緑道の設置は、公的ニュータウンで多く取り入れられてきたもので、民間住宅地では珍しい時代である。当時の住宅地の考え方をいち早く採用していることも特長の1つであろう。また道路に舗石を敷き詰め全面ハンプ[38]とし、シンボリックに仕上げている道路がある。これも時代としてかなり早い採用の1つである。

　道路の歩車共存思想や、道路も重要な街並み要素であるとの指向が生まれたころのものである。また道路沿いの外構で門周りの仕様にゲートを設けている箇所が見られた。これは、低い門柱と門扉だけではなく、駐車場前に設けたもので、扉も大型のものが置かれている。ある時代流行った仕様である。宅地の領域性、プライバシー保護、防犯性、高級感などを表現する手だてであった。クローズド外構で、その後は植栽を活かしたオープン外構に変わり消えていった仕様である。

　地区は、10のブロックに分けられている。これは当初からの計画的区分であろうか。工期の関係もあったと思われる。各ブロック（街区）には児童公園が1ヶ所ずつ設けられている。これもイギリスのニュータウンの近隣住区論[39]を採用してきた公的ニュータウンの標準的技法の1つである。

　地区内には、小学校、中学校も設けられた開発で1つの独立した、あるいは自立した街＝ニュータウンとして計画された地区と言える。名称も、団地や地区とはせず、ニュータウンとした意気込みは理解できる。計画案作成に当たり、当時世に出始めたまちづくりのプランナー、コンサルタントの手が加わっているものと思われる。後、能見台は私がいたコンサルタント会社に委託があり、先輩方が作業を進めていた。（私は関西にいたため見てはいない）

　半日近く歩き周り、坂道を上がったり、降りたりしんどい思いをしながらの現地調査であった。途中、買い物帰りの主婦の方にすれ違う時が何度かあったが、しんどい様子であった。駅前にあるスーパーは敷地も狭く、駐車場は無く、坂道も多いため、自転車や車での買い物もままならないのかもしれない。高台で、眺望、日照、通風などの居住条件は良いが日常の買い物は負担を強いられているかもしれない。

　住民の高齢化、少子化、核家族化などにより小学校の成立性、街のにぎわいなどの課題が生じ始めているかもしれない。

38　道路全体（角から角までの一定の長さ）に舗石などを敷く技法。
39　イギリスのニュータウン計画技法。アメリカのクラレンス・ペリーが提案。小学校区の成立する人口8千人〜1万人を「1住区」としたコミュニティー計画の単位とその技法。

1章　民営鉄道会社の住宅地開発

京成電鉄

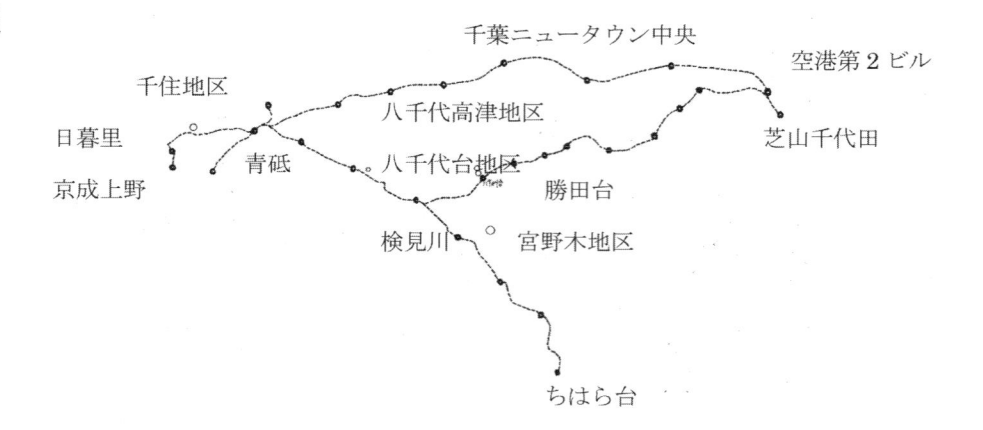

　京成電鉄は、明治42年（1909）の創立で京成電気軌道（株）と称していた。路線の開通は、大正2年（1913）である。同年に京王電気軌道が開通し、前年に西武鉄道の前身である武蔵野鉄道、翌年には東上鉄道が開通している。京成の初期の路線は、資料不足で明確ではないが、駅の設置年月日から想定できる。本線の青砥～京成船橋間と押上線の高砂～押上間とみられる。大正2年から6年の間である。

　京成本線は、昭和3年（1928）宗吾参道駅が開設、昭和5年（1930）京成成田駅が開設、昭和8年（1933）京成上野駅開設と続き現在の本線部分が開通した。さらに平成3年、4年（1992）には成田空港駅、第2ビル駅が開通し本線69.3kmが完成する。京成は、枝線が多い。東成田線・芝山鉄道（京成成田～芝山千代田間・9.3km）、金町線（京成高砂～京成金町間・2.5km）、千葉線・千原線（京成津田沼～ちはら台間・23.8km）があり延長距離102.4km、64駅である。

　千葉ニュータウンを通る北総鉄道（京成高砂～印旛日本医大間・32.3km）は、資本参加で直営ではない。また新京成は、別会社で京成の子会社と聞いている。新京成は、松戸～京成津田沼間26.5kmで会社設立は昭和21年（1946）と戦後すぐに設立されている。何故京成に組み込まれなかったかは分からないが、この路線は戦前満州等で鉄道敷設工事を進めるため、その関係者（測量、工事等）の育成練習によりできた鉄道である。そのため、路線の線形は難しい技術取得の訓練のためカーブが多い。

　（社）都市開発協会の資料によると、戦前に2ヶ所で開発をしている。計24.8ha、900区画とまとまっている。戦後の昭和20年代は空白で開発は無かったようである。昭和30年代は大手8社中最も多い28ヶ所153ha、6793区画と大量な供給である。戦前の2ヶ所は、電気軌道時代で、昭和8年（1933）に船橋市の海神台分譲地で6.8ha、80区画である。

　純然たる住宅地開発は、昭和9年（1934）千住分譲地で、この地区が京成の住宅地開発のスタートとなる。地区は、現在足立区千住緑町で、隅田川が西の辺に接している。昭和5年（1930）に吸収合併した筑波高速度鉄道（株）（当時の路線は未確認）が所有していた土地である。昭和30年代に「八千代台団地」「宮野木団地」「八千代高津団地」など10haを越える大きな開発が行われた。

千住分譲地

開発は戦前であるが京成電鉄の初期の注目すべき開発事例で時代的にも地味であるが記録すべき開発例。

所在地	足立区千住緑町
交　通	京成本線「千住大橋駅」
面　積	18.8ha
戸　数	823区画
手　法	全面買収方式と土地区画整理方式（組合と個人）
時　期	昭和9年（1934）

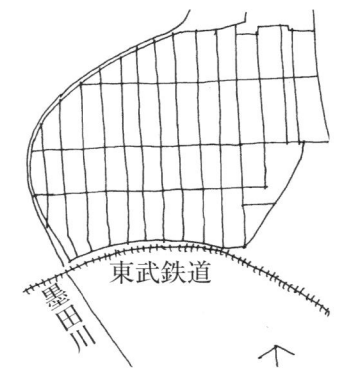

　地区は、吸収合併した筑波高速度鉄道の車庫用地であった。大正3年の市街地図では、まだ荒れ地で多分隅田川の河川敷の跡と思われる。

　当時の案内文に『当社は沿線開発の目的を以て住宅、店舗、工場向きの千住社有地を解放し、殆ど原価を以て分譲致しました』と記されている。道路は、主要道が7.27m、細街路が3〜5mである。分譲は、即金と割賦払いで行われ、月賦又は年賦で期間は3年〜10年であった。購入者には、無賃乗車証が贈呈された。この販売方式は京急など他社でも採用されており当時の私鉄が販売促進の方策として生み出したものである。

　現在地区の市街地状況は、販売時の想定通り住宅、商店、小工場、事業所が混在している。

　地区の道路は、東西南北に整然と直線道路が引かれ、碁盤の目状に区分されている。現在の道路も当時のままである。中央部の商店街は舗装を変えたりしているがいささか寂れている。人通りも少なく侘しさを感じる。街中は事業所が多いせいか人は多数見られ純然たる住宅地に比べにぎわいがある。

　最寄り駅は「千住大橋駅」で日暮里から3つ目、都心部には至近な位置である。地区の東側には、国道4号が通り上野には3.5km程で歩いても行ける距離である。西側は、隅田川の高い護岸コンクリート擁壁が立ち上がり川面は見えない。混在を良しとした分譲方針がその後の立地性からさらに進み現状の街の形態を形成したことが分かる。

八千代台団地

所在地	千葉県八千代市八千代台
交　通	京成本線「八千代台駅」（昭和31年開設）
位　置	30km圏
面　積	18.5ha
戸　数	829区画
販　売	昭和35年（1960）分譲

　八千代台団地の最寄り駅は、京成本線「八千代台駅」である。駅の開設は昭和31年（1956）と本線では比較的新しい。八千代台団地は、18.5ha、829区画で昭和35年（1960）に分譲開始している。八千代台駅の開設とも時期が合い新駅設置と団地開発は同時に社内の戦後初の住宅事業として進められたものであろう。

　地区は、千葉県八千代市に位置している。八千代市は、東京から30km圏に位置し、現在人口19万人の都市であるが昭和29年（1954）2村が合併し市民公募で付けられた名称で当時の人口は15,600人であった。市制が敷かれたのは昭和42年（1967）のため地区が分譲されたころはまだ町の時代であった。

　また当市は、団地発祥の地と言われているが、これは駅前の「住宅団地発祥の地」碑にも記されているが、千葉県住宅協会（現在の千葉県住宅供給公社）が住宅を団地と称し、日本で初と主張している。団地と言うと住宅公団の中層（5階建て）住宅群を思い浮かべるがここは1戸建てである。昭和30年(1955)～32年に分譲した1,114戸である。住宅公団は八千代台で昭和32年（1957）30棟、200数十戸の2階建てＲＣ造[40]のテラスハウスを建設する。公団の設立が昭和30年であるからかなり初期のものである。京成の八千代台は、住宅協会の八千代台や公団の八千代台と並び少し遅れて供給したが現在住宅地図や現地実査では区分けは難しく、街は完全に連接している。概ね八千代西町と北町のようである。実地調査でみた比較的良好な街並み風景である。地区一帯は昔高津新田と言われ、一帯は山林地帯でこの以前の風景が当時流行り始めた「〇〇台」と言われたと記されている。

　八千代台駅周辺は、東西南北の4町で構成されている。駅の近辺は商店街が割と密度が高く広がり、にぎわいをみせている。市街化の新旧はあるが概ね似たようなテーストの街で、道路は幅員4m～6mでかなり整然と引かれている。駅に近い所は商住混在しているが少し離れると純住宅地となり静かな環境となる。街の西側に陸上自衛隊習志野演習場が広大な空間として広がり、実地調査の時も大型ヘリが飛び、空から落下傘降下の訓練を見ることができた。

40　Reinforced-Concrete（補強されたコンクリート）の頭文字からRC構造またはRC造と略される。鉄筋コンクリート造の略。

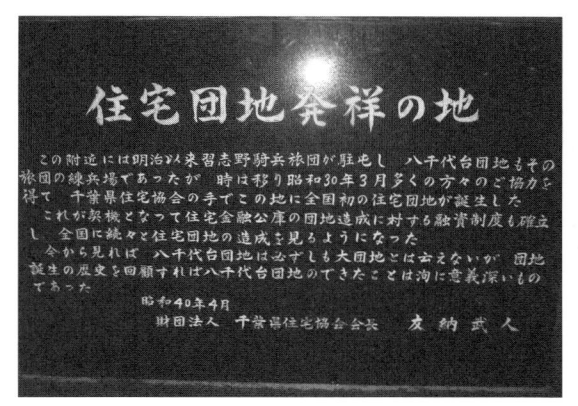

1章　民営鉄道会社の住宅地開発

住宅団地発祥の地

この附近には明治以来習志野騎兵旅団が駐屯し　八千代台団地もその旅団の練兵場であったが　時は移り昭和30年3月多くの方々のご協力を得て　千葉県住宅協会の手でこの地に全国初の住宅団地が誕生した
これが契機となって住宅金融公庫の団地造成に対する融資制度も確立し　全国に続々と住宅団地の造成を見るようになった
今から見れば　八千代台団地は必ずしも大団地とは云えないが　団地誕生の歴史を回顧すれば八千代台団地のできたことは洵に意義深いものであった

昭和40年4月
財団法人　千葉県住宅協会会長　友納武人

八千代高津団地

所在地	千葉県八千代市高津
交　通	京成本線「八千代台駅」バス便
面　積	13.8ha
戸　数	605区画
販　売	昭和39年（1964）分譲

　八千代高津団地は、13.8ha、605区画で昭和39年（1964）に分譲開始している。前記の八千代台とほぼ同じ頃の開発、分譲である。この地区は、自衛隊の演習場の南側に接している地区の南側、西側は公団の団地である。

　マスタープランを見ると特長の無い街区割りである。道路は、八千代台とほぼ変わらず5m～6mの直線道路が整然と通っている。八千代台に比べ生け垣や庭木が多い印象である。これは駅からも離れ、郊外的立地は今も変わらず維持されているからであろう。

　地区内外には、都市施設も多く、純住宅地の環境が保たれていると言える。公団の団地と共に、ある時期若い世代がにぎやかに暮らしていたことが思い起こせる。現場周辺にいても自衛隊の航空機の騒音は気にならない。空挺団でヘリコプターの飛行が多いせいであろうか。たまたまなのかは分からない。

宮野木団地

所在地	千葉県千葉市花見川区宮野木町
交　通	ＪＲ総武本線「稲毛駅」と京成千葉線「京成稲毛駅」
面　積	40ha
戸　数	1534区画
販　売	昭和37年（1962）に開発

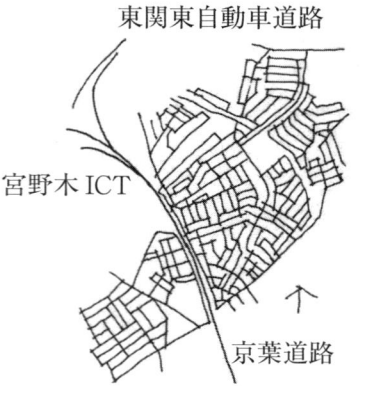

　地区は、京葉道路と関東自動車道路の交差する宮野木ＪＣＴの近くで、京葉道路が地区を東西に横切っている。地区は、全体に緩やかな丘陵台地であった。地図をみても東西南北の正形な道路パターンではない。

　上記2地区に比べても変化のある線形形態を成している。現地を歩いても坂道やカーブ状道路が多い。このため道路と宅地の段差が加わり変化のある街並みが形成されている。また立地から郊外色が有り、緑の量も多く潤いの街並みが形成されている。

東武鉄道

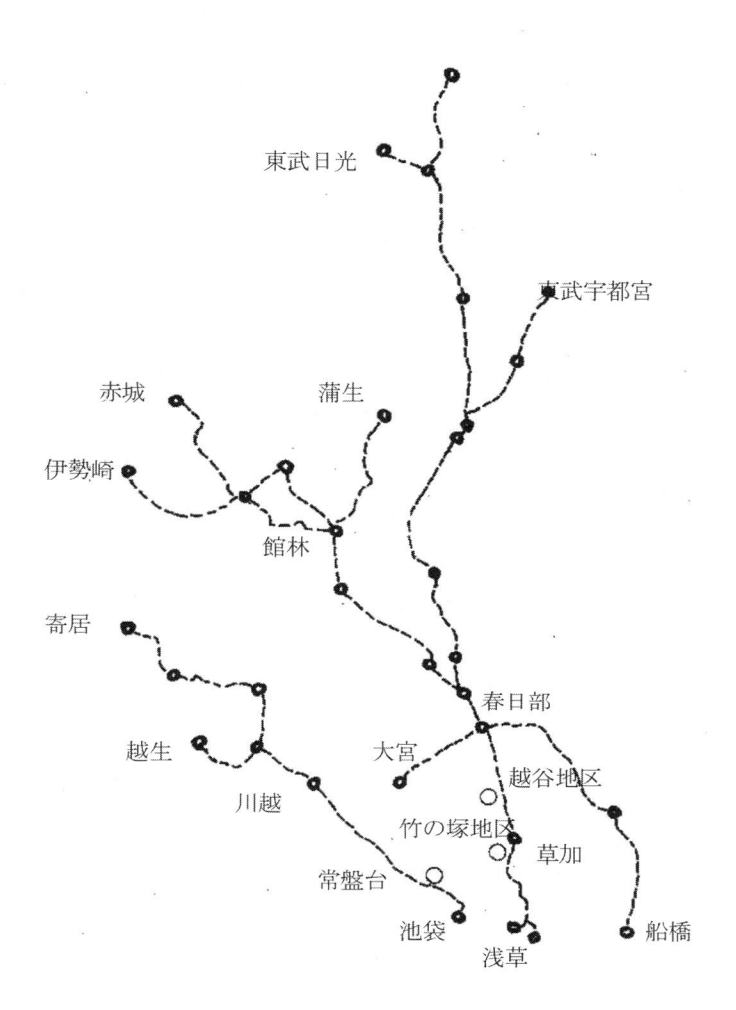

東武鉄道（株）は明治30年（1897）に設立され、既に110年を経ている。申請は東京市本所区から栃木県足利町の83.7kmであったが、明治32年（1899）北千住～久喜間の営業開始から始まる。

明治43年（1910）浅草～伊勢崎間（伊勢崎線）、大正3年（1914）館林～葛生間（佐野線）、昭和4年（1929）東武日光（日光線）まで開通する。伊勢崎線を主軸とした東京～栃木方面への各路線は、亀戸線、大師線、日光線等9路枝線が増えていく。東上線を加え全路線距離は463.3 kmとなる。東上線は当初明治44年（1911）設立の東上鉄道と称した別法人の会社であった。もっとも本社は、東武鉄道本社内にあり社長も同じ根津嘉一郎であった。東上線の始まりは、大正3年（1914）池袋～田面沢（現在は無く、川越市と霞ヶ関の間に在った駅）間である。大正9年（1920）経営の合理化のため東武と合併する。

昭和19年時の路線図を見るとほぼ現在の路線はできあがっている。その後廃線、整理もしながら現在の路線網となる。

駅の設置年月日一覧表を見ると、明治32年（1899）の「北千住駅」他から平成17年（2005）の野田線の「流山おおたかの森駅」まで多年に亘って増えている。他社同様極めて複雑で多数の

小規模鉄道との吸収、合併を経ている。

　東武は根津家の興した会社である。初代社長の根津嘉一郎は、山梨県正徳村（現山梨市）に江戸末期の1860年に生まれた。根津家は、明治の始めごろ山梨県内で2番目の大地主となる。

　嘉一郎が東武を興し現在の基礎、基盤を築いたが、多くの苦難があった。特に栃木方面に至る間に関東の主要河川を越えるがこの河川が明治43年（1910）の夏関東地方を襲った豪雨により堤防が決壊し路線の大半が冠水する。路線がやっと伊勢崎まで開通した翌年のことである。国家的規模の大惨事であった。

　国は、荒川放水路の開削工事など土木工事の歴史に残る大工事に着手する。このため、東武の路線位置も一部変更し付け替えるなどの工事となる。大正13年（1924）にやっと開通するが、前年の大正12年には関東大震災もあり復旧は困難を極めた。

　鉄道網の整備が整い落ち着いてくると関連事業を始める。明治、大正期の鉄道法では、鉄道事業以外の事業は規制されていたが、昭和4年（1929）この規制が削除された。これにより他社も含め、事業の多角化が進む。東武も兼業、付帯事業（当時の概念）の1つとして住宅地開発事業を企図する。東上線常盤台駅前の「常盤台住宅地」である。ここは、昭和2年（1927）に操車場用地として買収していた土地で、この地区を昭和9年から計画に着手し、昭和11年（1936）分譲開始している。

　この常盤台24haが東武の住宅地開発の第1号である。その後、東武が本格的（計画的、理念的、まとまりなど）住宅地開発を行うのは昭和40年代である。「鎌ヶ谷地区」26.3ha、840戸と四街道市の「みそらのニュータウン」64.7ha、1,580戸である。東武百年史には昭和10年から40年代までの住宅地事業は記されていない。

　手持ち資料には小規模を含めて多数の事業が記されている。戦前でも昭和6年（1931）から翌年までで7ヶ所、142.5ha、1,408区画（常盤台を除く）もあり、戦後の昭和20年代は、2ヶ所で21.8ha、687区画、昭和30年代では、14ヶ所、59.5ha、1,698区画が供給されている。

　この時期の開発は、小規模なものが多く、開発地も東京、埼玉、千葉、群馬、栃木と広範囲に分布している。地域、地区の需要に対応した開発、供給であった。内容的には図面等もなく不明であるが住宅地供給事業は継続されていた。この中でも10ha以上と比較的まとまっている2地区を紹介する。「越谷地区」と「竹の塚地区」である。但し2地区とも一団のまとまった地区ではなかった。2地区とも同じ町内、同じ駅圏内ということで一つの呼び方をしていた。パッチワーク的開発である。

越谷地区

所在地	埼玉県越谷市南越谷
交 通	東武伊勢崎線「新越谷駅」「越谷駅」 JR武蔵野線「南越谷駅」
形 状	A～Eの6ヶ所に分散
面 積	計13.8ha
戸 数	計474戸
販 売	昭和29年（1954）分譲開始

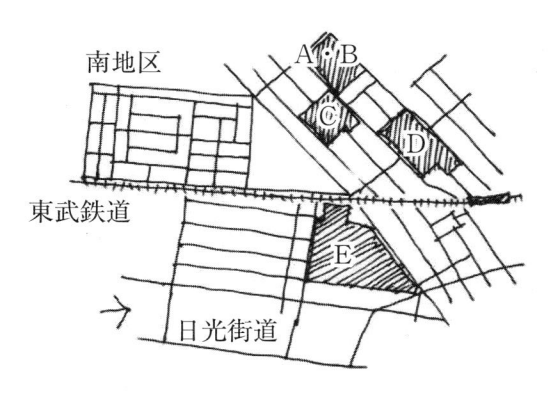

　当時のパンフレットを見ると、新越谷駅はまだ無く、次の越谷駅—大正9年（1920）設置—の利用である。新越谷駅の開設は、昭和49年（1974）で武蔵野線が第2の環状線と言われ、貨物専用鉄道から旅客鉄道に整備され開通されたが2つの新駅設置は同時期の開設であろう。越谷市は、都心部より25kmの位置、発展している近郊都市の1つであるが当時は田園が広がる郊外地であったと想像される。販売当時の図面を見ても、細線は当時の農道、畦道（あぜみち）と思われる。現在は、3大阿波踊りの開催地といわれ駅前の都市性は高く商業の集積も高密度に形成されている。今や利便性の高い立地条件がそろった地域である。

　宅地面積は、60～80坪である。当時は当たり前な標準的規模であった。全宅地金融公庫付き建て売り住宅で、全戸平屋建て、床面積15坪～21坪の建物。当時の建物の平面図を見ると、十数タイプの標準タイプを適宜配置している。和室が多く、戸当たり2～3室で、3畳、4畳半が多い。当時のサラリーマン層の求める標準的住宅であり憧れの土地付き1戸建て持ち家であったろう。

　主要地区は伊勢崎線とJR線にほぼ面し越谷市の中心部の住宅地となっている。道路は整然と通り、一部にアパート状の建物もあるが、街並みは整然としている。販売時の宅地規模が大きめであったことが街の風格を維持していると言える。小宅地に区分して都市型建て売り住宅にしたところは見られなかった。

　建物は殆ど建て替えられ当時の平屋建てがわずかに残っていた。庭木や生け垣も手入れが良く街に潤いをかもしている。駅に近く便利な住宅地となり近年郊外住宅地から便利な都心部のマンションに移り街のにぎわいが減じた地区とは違う印象を持った。今後もこの街は次世代に受け継がれていくであろうと思われる。

竹の塚地区

所在地	東京都足立区伊興町
交　通	東武伊勢崎線「竹の塚駅」
形　状	A～Gの7ヶ所に分散
面　積	19.4ha
戸　数	588区画
販　売	昭和31年(1956)～昭和38年(1963)

　当地区は何故にこのような分散型になったのかは不明であるが当時の用地買収の関係であろう。東武が分散型とはいえ開発を進めることで市街地形成がされている。地域は、都営住宅も多く点在している。同じ30年代からの開発であろう。前記の越谷同様に空白期間と思われた時期にも続けられた開発事例である。当時の時代背景や東武の社内状況から、戦後の住宅困窮による需要はまだまだきつく、ゆっくりと交渉して各土地を一つにまとめたりする計画案を練っている状況では無かった時代である。早期に土地を工作し供給し収益を上げなければならない時代であった。高度成長期の前で、まさに夜明け前と言える時代である。

　現地を訪れ歩き回ったがなかなか地区の特定はできなかった。市街地は連接したり似たような道路ができていたりと判別しにくい街となっていた。

　地区の中央部を南北に通る地域幹線道路が新設されている。地区内の道路幅は、4m～6m程であり線形も多様である。この道路の関係で街の印象は当時の雰囲気を残している。

　宅地は60～70坪で比較的大きめであり現在もそれは保たれているようである。宅地面積の広さから、庭木が育ち、生け垣も残り東京の下町の閑静な住宅地をかもしているともいえる。平日の昼間ではあるが車の交通量は少なく、静かな住宅地との印象を感じた。

1章　民営鉄道会社の住宅地開発

西武鉄道

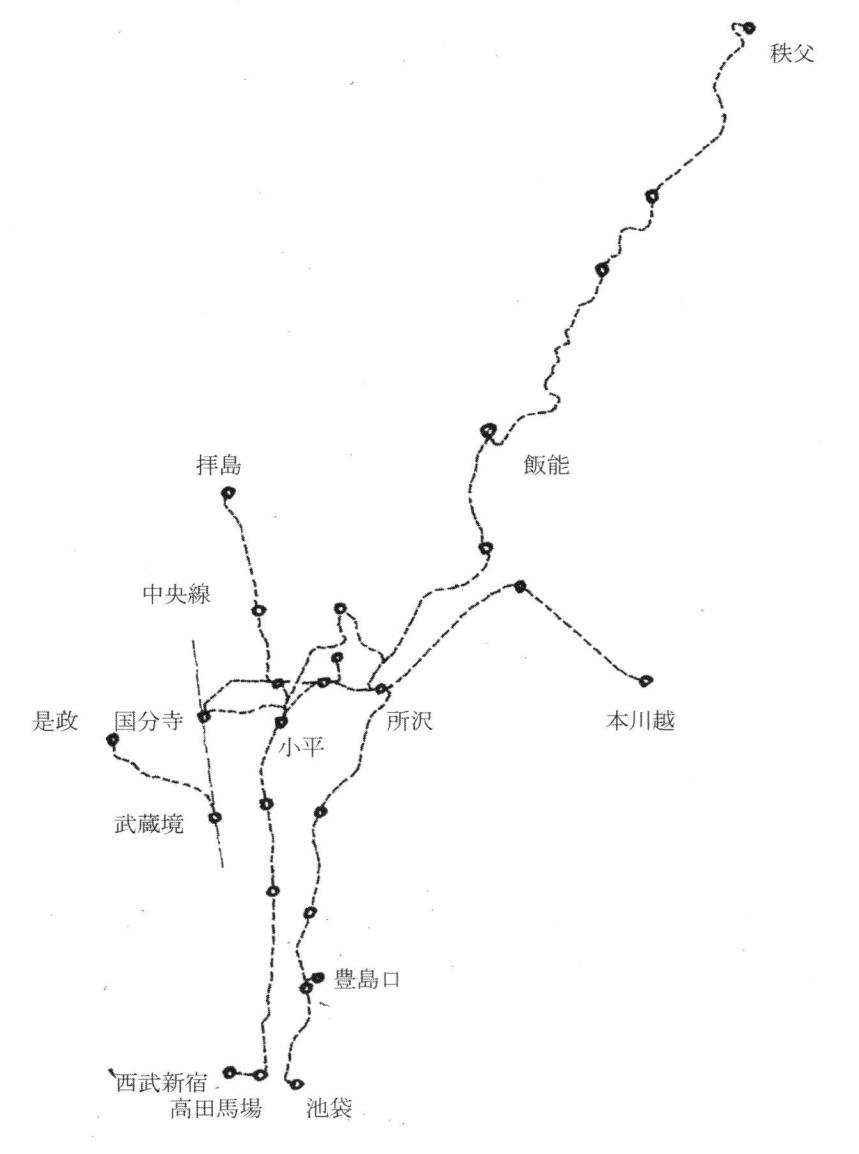

　西武鉄道（株）は、明治45年（1912）武蔵野鉄道と称して創設された。武蔵野鉄道は、大正4年（1915）池袋〜飯能間43.8kmを汽車で営業開始した。昭和15年（1940）多摩湖線を吸収合併し、昭和20年（1945）に西武鉄道（新宿線）、多摩鉄道（多摩川線）と合併し、西武農業鉄道と改称し、翌年現在の西武鉄道と改称し現在に至る。昭和58年（1983）には有楽町線と相互乗り入れし、平成21年には池袋新線とも結ばれ銀座、渋谷へ直結した。また、平成1年には吾野から秩父へ延伸し特急が運行されている。現在、西武は枝線も含め13路線、179.8kmである。

　西武グループは、堤康次郎が興した。母体は、大正9年（1920）に設立された箱根土地である。康次郎は、明治22年（1889）滋賀県琵琶湖のほとりの農家で生まれ、京都の海軍予備学校を出、郡役所に勤め、早稲田大学に入る。弁論部を通し大隈重信らとの交流から政治の世界に入る。

　学生時代既に日本橋の郵便局長、渋谷の鉄工所社長を始めている。早大卒業後は、大隈の主宰

する政治評論雑誌「新日本」の社長となり、ゴム会社の社長にもなる。一方、大正4年（1915）軽井沢に80万坪の別荘用地の買収に入る。弱冠26歳の時である。さらに箱根の強羅に10万坪の別荘用地を求める。このような経緯から箱根土地の設立に至る。この経緯は、堤清二が辻井喬のペンネームで著した純文学「父の肖像」に詳しい。その自伝的小説を読む限り、康次郎は単に今日的金儲けの事業を始めたのではなく、家訓として社会のために成ることを政治に求め、政治家を支えるために事業をしていたことがわかる。康次郎は、大正13年（1924）滋賀県から衆議院議員になり連続13回当選し、昭和28年（1953）には第44代議長にもなっている。

康次郎は、箱根土地を興すと、目白文化村、大泉学園、小平学園、国立学園と住宅地開発を進める一方、武蔵野鉄道との関係を深めていく。

昭和15年（1940）に浅野財閥系から鉄道の株を買った。この頃からさらに関係、関与を深め、武蔵野鉄道を傘下に収めていく。つまり西武鉄道は、康次郎がゼロから建設したのではなく既成の法人を買収したのである。最も資金繰りはかなり苦労した。先に示した西武鉄道の創立年は、康次郎が関係する前のことである。康次郎は、昭和39年（1964）東京オリンピックの年心筋梗塞で75才の波乱に富んだ生涯を終える。

箱根土地は、先の4学園地区以外にも戦前から都市部での住宅地分譲は行っており計11ヶ所、1170ha（区画数不明）（前記4地区を含む）とある。4地区以外では、どのような伝手で手に入れたのか、皇族、華族の大邸宅跡を取得して分譲している。千駄ヶ谷、南平台、目黒区松風園などである。鉄道部門と開発部門の分離や都市部の開発と別荘地の開発がいつから分けられたのかは不明。

想定するに、箱根土地が国土計画興業となったのが昭和19年（1944）、西武農業鉄道と社名変更したのが昭和20年（1945）であるためこのあたりか戦後すぐのころであろう。「コクド」となった会社の年表からは都市部の事業実績は記されていない。都市部の住宅地開発は、鉄道部門が引き継いでいたのであろう。

ある記述に康次郎は戦争中も防空壕に電話線を何本も引き込み土地の買収交渉を進めていたとある。まさに執念である。戦後の記録では、昭和20年代、18ヶ所145.4ha、2,103区画、昭和30年代、11ヶ所114.5ha、3,175区画とある。昭和20年代では民営鉄道会社8社の内、群を抜いて多い。それは戦中の康次郎の努力が実ったためかもしれない。

戦後20年間の間に29ヶ所供給されたが、内10ha以上の地区が7ヶ所ある。開発が早い順に並べると、鎌倉山、徳川南、本牧、谷津坂、中河原、所沢第一、久米川である。内5ヶ所を紹介する。所沢と久米川は概ねの位置さえ見当がつかなかった。

鎌倉山地区

所在地	神奈川県鎌倉市深沢
交　通	「鎌倉駅」からバス、湘南モノレール「西鎌倉」
面　積	39ha
戸　数	470区画
販　売	昭和20年（1945）

　鎌倉山一体は、鎌倉市の西部地域で藤沢市との境界に在る標高100m程の丘陵地帯である。名称は、昭和初期実業家菅原通済[41]が深沢村と称していた一帯に別荘地を開拓したとき付けられた。現在湘南モノレールの駅に「湘南深沢」駅名として残っている。現在の「鎌倉山」と「笛田町」あたりであろう。

　地区は、想定すると1宅地200坪以上の規模である。戦後の住宅困窮者向け需要を見込んでの事であろう。当地には幅の広い地域幹線となる道路は無い。6mの区画道路が主である。地区を出ると周辺の道路は丘陵地に併せて付けられた道路で、幅も狭く坂道が多く難儀する。住民の方は車が多いのであろうか。現実の生活は大変であろう。地区内は、宅地も比較的大きく、斜面地も残り、古くからの居住者も多く、街並みは豊かな緑で囲まれ目に優しい。

徳川南地区

所在地	渋谷区大山町
交　通	小田急線「代々木上原駅」
面　積	10ha
戸　数	200区画
販　売	昭和25年（1950）分譲

　当地区は、交通至便な立地で目黒通りと井の頭通りの交差するところである。井の頭通りも20年ほど前に拡幅整備されている。宅地規模は130坪以上と言われている。江戸期、広尾から渋谷にかけて集積していた大名の下屋敷の端部で、徳川本家の屋敷が在ったところである。第18代徳川家当主は今もこの地に居住している。地区名が地歴をあらわしている由緒ある地区と言える。

　地区は、緩やかな傾斜地で、緩やかな勾配の道路が街並みに変化をもたらしている高い塀や門構えによるクローズドな景観と豊かな庭木が豊かな街並み景観を形成している。敷地規模は当時のままと思われ、現在も居住者のレベルが感じさせられる。代々木上原一帯は住宅地の質は高く、人気あるが、さらにこの地は邸宅街と言える雰囲気を保っている。

41　1894年～1981年　実業家、江ノ島電鉄社長。

本牧地区

所在地	横浜市中区本牧元町
交　通	ＪＲ根岸線「根岸駅」　東へ3km　バス便
面　積	10.7ha
戸　数	330区画
販　売	昭和30年（1955）分譲

　根岸は大正初期から海側を埋め立てがされたところで、当時の海岸線に沿って湾岸道路が通っている。当地区のあたりが何時埋め立てられたかは不明であるが、地区の開発の方が早かったかもしれない。とすると分譲当時は海岸も近く風光明媚な立地であった。現地は平坦な地形である。道路は格子状ではなく計画的とは言い難い。地区内幹線道路に当たる道路が何本か通り、後は幅員4～6mの区画道路で構成されている。

　街並みは、分譲後数十年を経て建物が建て替えられ、当時の古い建物は見られない。段差が無いため擁壁や塀、門扉などは当時を想像できない。地区の西側を通る地域幹線道路でバスを降り、地区内に入ると整然とした静かな住環境が形成されている。半世紀を経て生け垣や庭木や街路樹は手入れが良く豊かで潤いのある街並みや住環境が完成している街である

谷津坂地区

所在地	横浜市金沢区長浜町
交　通	京浜急行「能見台」徒歩圏
面　積	28.1ha
戸　数	738区画
販　売	昭和36年（1961）分譲

　地区の南側には米軍の施設用地跡が広大に広がっている。北側を横浜横須賀道路がトンネル式で通過し「堀口能見台」のインターチェンジがある。さらに北方には京急が開発した広大な能見台住宅地が広がっている。

1章　民営鉄道会社の住宅地開発

　地区は、丘陵地で駅からは割と急な坂道を登らなければならない。いささかしんどく、日常生活では難儀であろう。地区内に入っても坂道が多く、宅地と道路の段差も大きいところが多数有り、玄関までのアプローチは階段を上がらねばならない家が目立つ。このため街並みも高い擁壁、トンネルカーポートの口やシャッターが目に入る。丘陵地でありながら、地形に合わせた道路の設置や大きく土を動かす造成をしていないためである。これは宅地の効率良い区分や60坪程度の宅地規模では難しい。また現在のような機械化による大造成もできなかったからと考えられる。

中河原地区

所在地	東京都府中市四谷町
交　通	京王線「中河原駅」徒歩圏
面　積	16.4ha
戸　数	350区画
販　売	昭和36年（1961）分譲

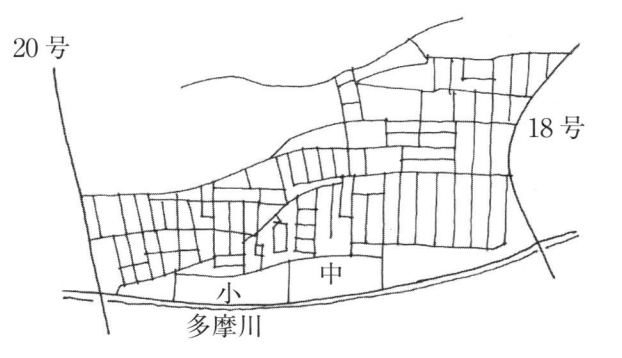

　地区の北方200m程に中央高速道路が通り南側には多摩川が流れている。地形は平坦でその昔は多摩川の河川敷であったかもしれない。地区内に小学校と中学校が有り、多摩川との間に地域幹線道路と緑地帯が設けられている。緑地帯は道路との緩衝帯ともなり、地区の公園とも言える。地域の人にとっては得がたいオープンスペースである。

　地区内の道路は直線で宅地は正形で計画的である。特に特徴的でも先進的でもないが効率よくまとめられている。街並みは庭木も育ち、緑量も豊かで整っている。当時はかなり郊外で通勤は大変であったと思われるが、現在は鉄道、道路の交通便は良く、多摩川のレクリエーションゾーンや市の諸施設も整い住宅地の立地としては好立地と成ったと言える。

首都圏主要鉄道8社の年代別開発実績

	戦前まで (〜1945)			昭和20年代 (1946〜1954)			昭和30年代 (1955〜1964)		
開発規模	箇所	ha	区画	箇所	ha	区画	箇所	ha	区画
民営鉄道名									
相模鉄道	—	—	—	6	83	2711	6	166.1	5135
東急電鉄	45	—	—	—	—	—	1	22.1	796
小田急電鉄	5	145	—	2	3.1	116	24	92.9	2015
京王電鉄	—	—	—	—	—	—	11	101.3	1960
京浜急行電鉄	2	69.9	—	1	1.5	33	14	97	2468
京成電鉄	2	24.8	903	—	—	—	28	153.1	6793
東武鉄道	7	142.5	1408	2	21.8	687	14	59.5	1698
西武鉄道	11	1170	—	18	145.4	2103	11	114.5	3175

	昭和40年代 (1965〜1974)			昭和50年代 (1975〜1984)			昭和60年代以降 (1985〜2003)		
開発規模	箇所	ha	区画	箇所	ha	区画	箇所	ha	区画
民営鉄道名									
相模鉄道	5	77.5	2291	7	199.5	3775	5	53.3	5294
東急電鉄	24	1483.8	54750	28	1660.8	51536	18	700.3	18812
小田急電鉄	17	181.4	3679	11	235.1	1771	12	204.6	1666
京王電鉄	3	134.7	3065	2	21.8	672	1	4	137
京浜急行電鉄	13	294.4	6446	3	627.3	13459	7	161.8	3519
京成電鉄	7	42.9	2100	7	51.4	2018	2	8.3	359
東武鉄道	4	128.5	3573	3	67.6	1842	7	92.8	186
西武鉄道	19	639.8	15740	10	561.7	7445	5	337.7	4073

2003年、(社)都市開発協会編　民営鉄道グループによる街づくり一覧より

2章　主要デベロッパーの住宅地開発
―昭和40年代―

東急不動産

　戦後、住宅地開発を専門の業務とするいわゆるデベロッパーが乱立する。最も初期に創立されたのは東急不動産であることは前述した。それより以前に不動産会社として設立された会社は東京建物、三井不動産などがあるが計画的住宅地開発を主たる業務とするのは東急不動産が初めてと言える。

　東急不動産は、東京圏のみならず日本を代表するデベロッパーで、これまでに開発、供給してきた住宅地、住宅数は膨大な量である。比較データは無いが多分日本で1番多いであろう。

　東急不動産は、昭和28年（1953）東急電鉄から分離独立した。当時の電鉄社長五島慶太の方針である「電鉄と田園都市事業は不可分」のもと田園都市事業部門の本格的拡大を図るために不動産専業会社を設立した。設立の翌年には、早くも建て売り分譲を川崎市今井町で始める。

　この分譲は、住宅金融公庫付きで、東急電鉄から全業務の受託で行ったのが初めての事業である。東急不動産独自の資金で用地取得から販売まで行った最初の事業は、昭和32年（1957）世田谷玉川中町団地である。

　昭和30年（1955）に電鉄と不動産は連名で「東急住宅5万戸建設計画」を発表する。これは同年鳩山内閣の「住宅建設10ヶ年計画・1世帯1住宅」の政策に呼応したもので、昭和30年から5ヶ年の計画であった。他社に先駆けた業界でも例を見ない目標であった。

　東急不動産が昭和30年代、40年代に供給した宅地分譲と建て売り住宅の実績は以下であるがまだ全国的展開に至る前で全て関東地域である。

　昭和30年代　合計124ヶ所、175ha、7,113区画（平均57区画、1.4ha）
　昭和40年代　合計103ヶ所、332ha、18,116区画（平均176区画、3.2ha）

　中高層住宅（マンション）は昭和30年代わずかで、40年代に入り数百戸供給されるが本格的には昭和50年代以降である。

　東急不動産は、当初より建て売り分譲住宅を中心に進めた。初期の数年間は宅地分譲の比率が高かったが徐々に建て売り分譲を増やしていく。これは、早い時期から団地を1つの「街」として早期に形成させていこうとする意図があった。結果販売促進的にも効果があった。昭和37年（1962）販売開始した「多摩川ニュータウン・津田山」（川崎市・9ha・302区画）では、"環境を売る"街づくりをコンセプトとしてうたっている。更には、生活利便施設や公園、ショッピング施設などを計画的に盛り込んでいく。開発規模も大型化し「ニュータウン」と称する。

　その始めに当たる開発が、「多摩川ニュータウン」であった。

　昭和40年（1965）には、他社に先駆けて木構造を中心に軽量鉄骨を組み合わせた独自の工法による住宅を作り、大量供給とコストダウンを可能にした。「東急ホーム」と名付け商品化し、建て売りと注文住宅も進めた。その後の東急ホームであり現在の東急ホームズである。

　その後の東急不動産の住宅地計画は大きく進歩し飛躍し業界の先兵を担っているがこの時代から既に意識されていく。

二俣川地区

所在地	横浜市旭区中尾他
交　通	相鉄線「二俣川駅」
面　積	103ha
戸　数	2600戸
販　売	昭和39年（1964）

　東急不動産が設立時から概ね10年後の大規模な開発であるが、残念ながらいくつかの東急不動産社史等には特に記載記録は無い。私は東急の仕事に関わったのは昭和56年（1981）でその17年も前であったが当時の中堅の方々はいつも話題にしていた地区であった。やはり思い出の多い開発であったのであろう。

つくし野地区（町田市小川第一地区）

所在地	東京都町田市つくし野
交　通	東急田園都市「つくし野駅」「すずかけ台駅」
販　売	昭和42年（1967）分譲

　　　　　　　　　　　　他面積、戸数は不明

　当地区の特徴は、昭和36年（1961）に計画開始し、後に地権者の理解を得て、区画整理事業となった。
　現在は当たり前の手法となっている不動産会社が事業全般を代行する一括代行方式の先駆けとなった。
　その後このつくし野方式による区画整理事業が数ヶ所続く。記念すべき事業なのである。

大宮プラザ

所在地	埼玉県さいたま市西区プラザ（旧大宮市二つの宮）
交　通	ＪＲ川越線「指扇(さしおうぎ)駅」
面　積	31.3ha
戸　数	1300戸
販　売	昭和46年（1971）分譲

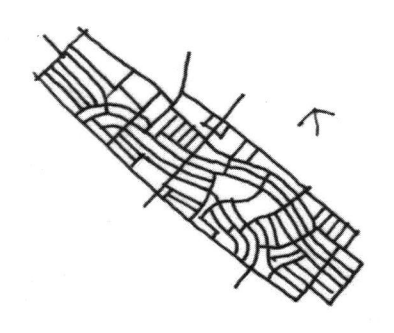

　この頃東急不動産では、住宅地開発の共通テーマを
「人間の心のふれあい」

「人間性の回復を図る」をコンセプトとしメインテーマを「コミュニティー」に向けていく。

地区名もプラザとしコンセプトを彷彿させる垢抜けたネーミングである。私が昭和40年代末に関与し始めたがそのころ開発部をコミュニティー事業部と称していた。事業のテーマを部の冠にしていた。

この流れの中で開発されたのが当地区で現在見てもそのランドプランは多くの工夫が見られる。敷地のまとまり、形態、道路パターンに曲線を採用し街並みに変化を持たせるなどが上げられよう。またここで紹介すべきは、日本で初の木造連棟式住宅・タウンハウスの分譲であった。タウンハウスという住戸形式は、2×4工法がアメリカから導入され、住宅金融公庫がモデル融資枠を設け、公庫の指導により日本の各所に第3の住宅として建設されていくのは昭和50年初頭からで、大宮プラザのそれは数年前のことであった。50年代のものとは比較しようのないものではあるが当時としては先進的な試みであった。但し東急不動産はこの以降タウンハウスの供給は全くしていない。ある時期私も関与した研究会が設けられたが実現には至らなかった。

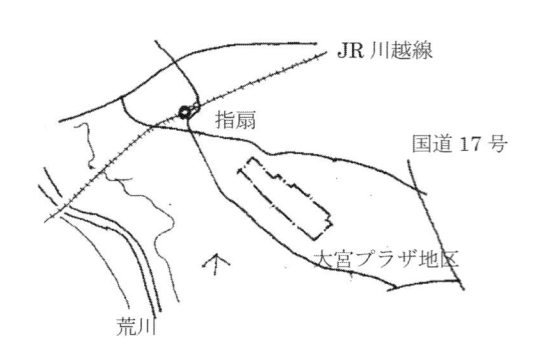

この地のタウンハウスは現在も当時のまま維持されており貴重な事例である。住所名も二つ宮から「プラザ」となり正規な町名となっている。

八王子片倉台

所在地	八王子市片倉町
交　通	ＪＲ横浜線「かたくら駅」
面　積	73ha
戸　数	1500戸
販　売	昭和48年（1973）分譲開始〜昭和57年（1982）

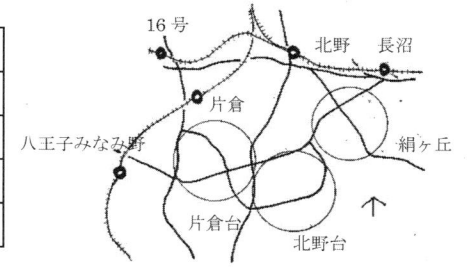

　東急不動産が本格的に建て売り形式で事業化した最初の地区である。さらに当地区ではその後多くの住宅地開発で採用されていく要素が先進的に作られている。

　全戸建て売りによる街の早期形成、街並みの意図的形成、統一感、全戸生け垣による統一性と潤いづくり、共通仕上げ仕様の外構、街路樹、トンネルカーポート（コンクリートユニット式）、小学校、郵便局、銀行、医院の設置などである。建物も東急ホームのバリエーションを増やしていきながら商品バリエーションと価格帯の変化により郊外の低価格団地から高額商品への転換、三世代向け大型住宅と増やしていく。

　東急不動産はこの後、50年代我孫子ビレジ、こま武蔵台、関東地域以外の全国展開へ進んで行く。

　当地区は、八王子市の片倉町で多摩丘陵地帯に位置している。西武北野台及び日生絹が丘と連接している。地域は、八王子市中心部より南東へ2kmで、八王子市が多摩丘陵にニュータウン開発を行う構想であった。

　東急、西武、日生が参加したが必ずしも官民共同の開発ではなかった。慢性的に渋滞していた国道16号の改善を軸に地域に幹線道路を通し一団のニュータウンゾーンとして台地を開発しようとするものであった。当時東京の市街化の波は20kmから30km圏に進み、さらに40km圏へと延びつつあった。昭和45年（1970）八王子市内最初の大規模開発「京王めじろ台」（京王線めじろ台駅から徒歩圏）が販売を始める。迫る需要に対応して、無秩序な開発をコントロールしようとするものであった。片倉台は1,500戸、北野台は2,000戸、絹が丘は不明だが約1,000戸はある。計4,500戸の規模である。現在訪れても住居表示を見ない限り3地区の区分は難しい。まさに一体化している。ちなみに絹が丘の名称は、八王子が古くから生糸の生産地かつ生糸の中継地として栄えた町で、ここから明治の始め海外への輸出に向けて横浜まで輸送した拠点であった。この歴史から付けられた名称である。

　昭和41年（1966）から用地買収に入るが、競業他社も多くかなり苦戦した。また買収に応じない地主もいてまとめるのには大分時間と労力を要した。48年第1期の建て売り分譲を開始している。開発面積の10％が公園・緑地で現在も豊かな緑に囲まれた環境を維持している。新旧の航空写真を見ると開発地区の形状は変形でまとまりは欠けているがこれは用地買収に苦戦した結果である。西武の北野台地区の方がまとまっていると言えるようである。地区の西側に国道

16号が通り、東側に16号のバイパス（八王子バイパス）が通る北野台は、この2本の道路に挟まれている。また3地区は、地域幹線道路で結ばれている。また地形的には緩やかな丘陵の丘や谷部にまたがる坂の多い街との印象が強い。元の地形は小さな谷や窪地が複雑に入り混じり、造成にはベルトコンベアを使うなどの画期的な工法が採用された記録がある。計画当初は、郊外の低廉な価格の住宅地と売り出したが、後半は、景気が回復し、八王子の人気が上がり高額商品化したようである。

地区の北端部はJRの横浜線「片倉駅」に始まり、南北に細長い形態である。地区内の道路は、11m、9m、6mと機能的かつ効率良く地形に合わせ引かれている。当時の典型的道路パターンである。地区中心部には、小学校、幼稚園、ショッピングセンター、郵便局、医院がまとめて配置されている。これも当時としてはいわゆる近隣住区の考え方で計画されている。しかし久しぶりに訪れたがショッピングセンターはCOOP（コープ・生協）があるのみで15店舗の個店は閉鎖されている。この状況は隣地の北野台のセンターでも同じ様な状況であった。この近隣センターはどこの郊外型住宅地でも似たような状況である。

住宅地内は30年の年を経て庭や公園や街路の緑は育ち、街並みは落ち着きまさに潤いと快適性を形成した街として熟成している。インターネットでみる自治会活動は活発で多岐に亘り各種世代に対応した趣味の会、イベントが催されている。

一方3地区に共通すると思われる住民の高齢化、少子化によるコミュニティー活動の活性化が課題と思われる。

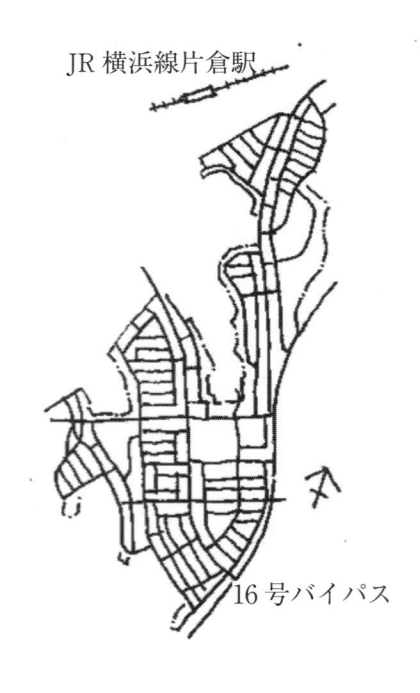

西武グループ

　西武グループの基幹企業である西武鉄道は、明治45年（1912）箱根土地が買収し、昭和20年（1945）旧西武鉄道と合併し、西武農業鉄道となり、昭和21年現在の西武鉄道となった。箱根土地は昭和19年国土計画興業となり、昭和39年（1964）創業者の堤康次郎が急死した翌年の昭和40年に国土計画となり、平成4年（1992）コクドとなった。また康次郎の7回忌である昭和46年（1971）には鉄道グループと流通グループに分かれ、鉄道グループは堤義明が、流通グループは堤清二が率いることになった。

　不動産専門の組織である西武不動産が創立されるのは昭和45年（1970）である。この会社がコクドから分かれたのか、鉄道から分かれたのかは不明であるが、両方の組織から分離し、役割分担をグループ内に設けたものであろう。戦前の目白、大泉、小平、国立などの住宅地は戦後国土興業が引き継ぎ担ってきた。それを西武不動産が引き継ぎ、担い現在に至っている。私が所有するパンフレットは昭和50年代のもので既に西武不動産が売り主となっている。

　一方、流通グループ（セゾングループ）でも不動産専門会社が創立される。西洋環境開発である。当社は、昭和47年（1972）西武化学工業の不動産部門が分離独立し、西武都市開発となり、昭和61年（1986）大洋不動産興業と合併し社名変更する。私が京都の西京桂坂の計画に携わったころはまだ旧社名の時代であった。

　しかし平成13年（2001）経営破綻し、グループの基幹企業であったため、これが引き金となりセゾングループは事実上解散した。また一方の鉄道グループでも大きな変動があった。平成16年（2004）西武鉄道の有価証券報告書虚偽記載事件でグループの再編が行われ、コクドは、平成18年（2006）プリンスホテルに吸収合併され解散した。

　今回紹介する5地区は昭和40年代に開発された主要住宅地である。西武では、既に紹介してきた20年代、30年代の開発とは大きく変わってくる。それは面積、区画数、テーマ性、立地、工夫、商品性などが一段と進歩する。当時のマーケット性、評価、認知度、人気などは高かった。

　昭和50年代中頃私が当時の住宅公団（現ＵＲ）が、戸建て事業に踏み出すにあたり事前調査として、民間の住宅地事例調査をしたときに候補に上げられた10地区には、東急と西武の地区がほとんどであった。

　前述で紹介した東急不動産と並び西武の住宅地は双璧であった。この5地区以外にも多数在るが当時の代表として選定したのは2社の地区であった。紹介する5地区は、いずれも神奈川県内で広い意味での湘南地域である。いつ頃から用地買収を始めたのかは不明であるが、ひょっとすると、康次郎が戦争中防空壕の中に何本も電話を引き、用地買収の交渉をしていたとの逸話（前述）があり、既に先を見ていた敗戦と住宅需要から安く手に入れ始めていたのかもしれない。そうでなければ5地区の総面積437haという大規模な用地取得は難しいのではないかと思われる。戦後すぐに買収交渉に入り、30年代に計画を練り、開発申請や造成工事を進め40年代に一気に販売していく段取りではなかったかと思われる。しかし康次郎は5地区の完成を見ずに他界する。

昭和45年（1970）に創立された西武不動産は、国土計画から分離し都市近郊の住宅地開発を担当する事になる。これから紹介する地区も、土地の取得や開発計画は国土計画が担っていたものを引き継いだのであろう。西武不動産は、昭和40年代に19ヶ所、計約64ha、15,740区画の供給を手がけている。1地区平均33.7ha、830区画である。昭和50年代には10地区、計約560ha、7445区画の供給量で、1地区平均56ha、745区画となり、昭和60年代ではさらに減じる。西武の住宅地開発の量的ピークは昭和40年代である

西鎌倉

所在地	神奈川県鎌倉市西鎌倉（藤沢市との境、市の西端）
交　通	湘南モノレール「西鎌倉駅」
面　積	77ha
戸　数	1422戸
販　売	昭和44年（1969）開始

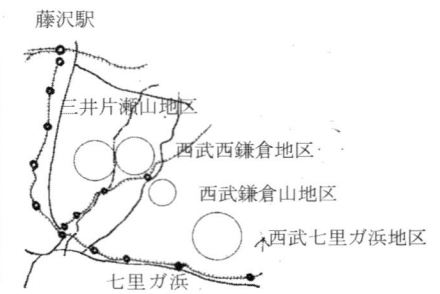

　当地区の旧地名は津字猫地で西鎌倉という地域概念は無かったと思われる。軽井沢に方位を付けてマーケットエリアを広げる方法と同じで、これも多分康次郎の先見の明であろうか。いずれにせよ開発名が行政名になった。最寄り駅は、大船と江ノ島6.6kmを結ぶ湘南モノレールの「西鎌倉駅」で大船から8分である。

　湘南モノレールは、昭和41年（1966）三菱重工など三菱系企業が中心となって創立され開業は昭和45年（1970）である。このモノレール計画と当地区の開発はほぼ同時に進められている。想像するに連携を取るか株を持ったか、いずれにせよ話し合いが当然あったと考えられる。

　当地区の開発年次は、昭和40年（1965）とあるが造成開始年のようでもある。とすれば販売はモノレール開通年とほぼ合いそうである。

　開発は大きく2次に分けて行われたようである。西側の藤沢市の市境とモノレールに挟まれた半分が1次で後北側のモノレールをまたいでいるところが2次である。

　図面を見ると1次と2次ではマスタープランの内容が違う。2次では地区内に内包するように既存の自然緑地（保存緑地）が大きく取られている。私が所持するパンフレットは2次のもので昭和50年初頭のものである。1次のエリアは既存開発地と記されている。地区は全体が緩やかな丘陵地で1次では中央部を9mの幹線道路が通り交通の軸とし、西側と東側の街区が整然と区分されている。2次では自然緑地を囲むように街区が置かれているが、ユニークなのは旗竿宅地を計画的に整然と配置していることである。これほど多くの旗竿宅地を意図的に設けている住宅地は極めて珍しい。現地で見ても奥の2宅地は4m幅の路地状延長部を共用していると思われ、現在の3m幅の敷地延長専有地とは違う。

　このタイプの宅地が2次部分の半分近くある。当時このような形態が効率性から積極的に採用

されたと思われるが、私は残念ながら聞いたことはない。

　パンフレットを見ると、やはり鎌倉、江ノ島を意識した売りで、表紙にその雰囲気を載せている。横浜からは近いとはいえ東京中心部からはネット63分の表示でドアツウドアでは1時間半の時間距離を要する交通立地である。

　宅地面積は、60坪～70坪、建物面積は、40坪で価格は昭和55年時5千万円～である。当時としてもかなり高級物件と言える。

　現在街を歩いていても時間を経て落ち着いた質感を受ける街並みや住環境の形成を感じる街となっている。街に立つ案内版に「西鎌倉山自治会による『自主まちづくり計画区域』です」と明記されている。平成19年に設けられたもので、鎌倉市の都市計画課が明示されている。本文は「緑豊かな自然に調和したゆとりと風格のある街並みを維持し安全で安心して暮らせる住環境をめざします。」とある。

　これは、行政の協力を得て住民が自主的に環境を守り育てようとしている姿勢が伺える。街を歩いていても公共の緑も個人の緑も手入れが良く維持管理の質の高さが充分実感できる。

　このようなその後の住民の姿勢をかいま見ると、住宅地の維持管理、質の保持は当初の計画の質や住民の質に寄るところが大きいと思わざるを得ない。

七里が浜

所在地	神奈川県鎌倉市七里ヶ浜東
交　通	江ノ島電鉄「七里ヶ浜駅」
面　積	69ha
戸　数	1588戸
販　売	昭和41年（1966）（販売でなく造成開始かも）

　地区は七里ヶ浜駅北側の南傾斜の丘陵地に位置している。

　当地区も旧地名は字名であったと思われるが、当地区の開発により鎌倉でも知名度の高い景勝の地名を住所にした住宅地である。

　江ノ電は、明治43年（1910）に鎌倉と藤沢間に開通した湘南のシンボル。駅は鎌倉駅から6つ目16分で、サーファーのメッカである。

　七里ヶ浜は江戸期より人気の高い観光地で、江ノ島と鎌倉を結ぶルート上で当時からにぎわいのある街道であった。歌川広重の冨士三十六景にも描かれている景勝地である。明治の始め医学者ベルツ[42]が保養適地と紹介したことがきっかけで、明治期より一帯が別荘地となり始める。

　明治43年（1910）七里ヶ浜沖で逗子開成中学のボートが遭難したことは社会をにぎわした。

　堤康次郎はどのような手づるによりこの用地を入手したのか興味ある点である。地区は小さな駅を降り、踏み切りを渡り北に向かう。南北方向の道路は殆どが緩い傾斜であるが、結構しんどい。地区内の区画道路も南北方向では坂道が多く、道路沿い宅地の外構にも擁壁が目立つ。昭和40年代にもまだ擁壁に大谷石が使われていたことがうかがえる。地区の南東側には鎌倉プリンスホテルの用地が接している。創業100年記念とあるため明治末の創立となる。何年か前話題になった渡辺純一の小説「失楽園」の舞台である。地区の周辺は緑量豊かな自然林の緑で囲まれ、市街地はあまり広がっていない。地区の北側街区の中央部に幅の広い緑豊かな緑道が南北に通り、両側に店舗を配したモールが形成されている。突き当たりは小学校である。この緑道は住民の交流の広場であり憩いの空間となっている。

　ここには飲食店が数店有り、有名なカレー専門店が40数年人気を保ち経営している。25年ぶりに立ち寄ったが今も込み合い、味も昔のままで喜ばしい限りであった。街全体は時を経て落ち着き、手入れの良い外構や街路樹が印象的であった。建物も40年代後半から50年代のものと思われるがまだ建て替えのタイミングではなく当初の建築のままである。海に近いため潮風の影響もあるかと気にしてみたが顕著なものは視認できなかった。住民の方もこの立地に暮らす良さは代え難いものがあろう。暮らしたい地域のアンケートでは「湘南」が第1位である。湘南人気は高く、歴史性、文化性、自然環境、施設の集積度、街や建物の印象等々きりがない。専門の雑誌が発刊されているくらいである。その中でこの七里が浜も人気の住宅地かもしれない。

42　1849年～1913年　ドイツ人医師。明治政府が招き入れたお雇い外国人。日本の医学界の発展に尽くした。

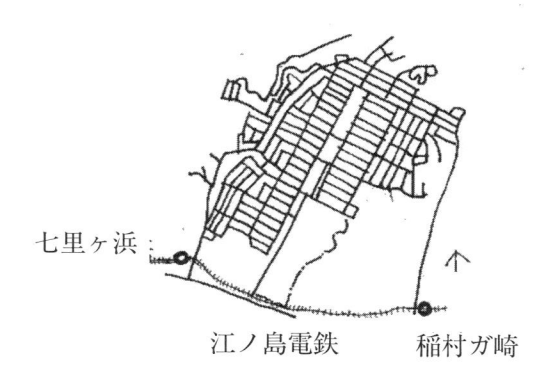

2章　主要デベロッパーの住宅地開発

七里ヶ浜

江ノ島電鉄　稲村ガ崎

湘南鷹取台

所在地	神奈川県横須賀市南鷹取町
交　通	京浜急行「追浜駅」バス
面　積	127ha
戸　数	3130戸
販　売	昭和44年（1969）分譲開始

　当地区は、横須賀市北端部に位置し、京浜急行の路線と逗子市の境界の間の丘陵地帯を開発した住宅地である。駅からは、地区内を循環する京急バス利用である。東側は駅から急坂の上りで谷戸が大きく食い込んで、西側は逗子市からの丘陵の緑が連帯し、一部は地区内に自然公園として残され保全されている。地区の周辺は緑に囲まれ、地区内の緑と連帯し潤いあふれる住環境を形成している。マスタープランは丘陵のためもあり変化に富み良く工夫されている。

　西武の戦前の単調な開発事例と全く違う。何本かの幹線道路を軸に、コレクティブ道路（集約道路）、区画道路（細街路、生活道路）と道路のヒエラルキーが計画的にパターン化されているが単調さは無い。地区内には、西友を核にセンターが設けられ、児童公園が数ヶ所利用しやすい位置に適宜配されている。これらの計画内容はこの時代他社の開発にも見られ、住宅地の計画レベルが急激に高まった時代である。これは、戦後イギリスから持ち込まれてきた近隣住区論の影響と思われる。幹線道路には桜の街路樹が植えられ、既に年数を経て古木化しつつあるが地区のシンボルとなり春には見事な花のトンネルを構成するであろう。

　地区の住宅は1戸建てが主体で、敷地は55坪～70坪近い規模で、建物は33坪～36坪の4LDKである。プランは標準的で特長は見られないが、基本を守り当時の30～40代の夢のマイホームであった。地区の北西端部には、郵政省（当時）の中層社宅がまとまった戸数で位置している。近隣センター近くにはタウンハウス（連棟式住宅）が配置された。当時のパンフレットには高級を売りにしている。12棟63戸、床面積26坪～30坪、4LDKで当時のタウンハウスの典型的プランである。出来た当時に見た記憶とは大分変わり、いささか色あせくすんだ街並みに変わっていた。戸別とはいえ建て替えもままならず今後はどうしていくのか気がかりなところである。機会があったら住民の方々に話を聞きたい。

　地区では住民の高齢化が進み2代目の若い世代は横浜、川崎と通勤に便利なところに移り一部では空き家もあると聞く。近年の毎日新聞のコラムに地区の事が記されているのを知人から入手した。これには、「昭和50年代初頭の高度経済成長期、30～40代の夢を叶えたが、次世代は受け継がない傾向が強い街となった。昭和50年（1975）開校の鷹取小学校の児童数は当時の4分の1に減り、空き教室はお年寄りのデイサービスに転用されている」とある。この現象は、当地区だけの問題ではなく、多くの郊外型住宅地の抱える共通問題として今後の社会問題となる。再生の道、再生方法の良いアイデアは残念ながら浮かばない。大きな課題である。

2章　主要デベロッパーの住宅地開発

京浜急行追浜駅

16号

鎌倉・逗子ハイランド

所在地	神奈川県鎌倉市浄妙寺町、逗子市久木町
交　通	ＪＲ鎌倉駅とＪＲ逗子駅間にバス便あり
面　積	94ha
戸　数	1500戸
販　売	昭和45年（1970）販売開始

　当地区は２市にまたがった丘陵部に位置している。

　開発エリアの３分の１が鎌倉市、３分の２が逗子市である。地区の北東方には鎌倉霊園があり、地区の周辺は今も緑に囲まれ住環境は良好である。また地区の東側は、広大な米軍池子住宅地である。

　手元に昭和49年（1974）時の販売パンフレットがある。表紙は光輝く湘南の海と江ノ島が見える。歴史と自然のあふれる好立地での豊かな生活を暗示させる写真とコピーが載せられている。久しぶりに現地を訪れてつくづく思うのは、このような地区をどのように取得したのであろうかと。やはり堤康次郎の戦前、戦中からの情報量と手腕なのかもしれない。

　マスタープラン上に特長は無いが、幹線道路の街路樹が桜で前記の鷹取台と同じである。既に時を経て古木化しつつある。この地区でも街のシンボルとなっている。軸となる幹線道路はバス路線で鎌倉から逗子に抜ける途中に西友を核としたセンターがある。

　鎌倉は商業の集積は高いが日常の買い物となると交通の混雑などからこの近隣センターは貴重な存在であろう。鷹取台同様住民の高齢化は進んでいると思われ、高齢者にとっては利便性の高いものであろう。

　街並みは整然とし、外構の手入れも良く住民の質の高さが伺える。住宅はまだ建て替えるタイミングに至ってはいないようで40年、50年代に建てられたようである。

マボリシーハイツ

所在地	神奈川県横須賀市馬堀海岸町
交通	京浜急行「馬堀海岸駅」と「京急大津駅」 徒歩圏
面積	70ha
戸数	2330戸
販売	昭和48年（1973）分譲開始

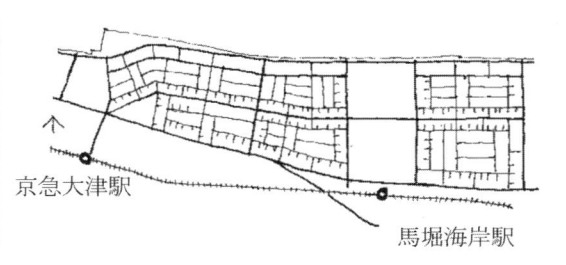

当地区は東京湾に面し、国道16号バイパスと京浜急行線の間で、地形は平坦で効率の良い土地利用である。手元に昭和52年（1977）時の販売パンフレットがある。地区から特急で横浜へ36～38分、東銀座へ72～74分とある。現在もあまり変わらない時間距離であろう。

高度経済成長期に拡大していくマーケット上では可能な立地であったが、現在では通勤はかなりしんどいであろう。

立地からは非日常のエリアで、週末のライフスタイルは豊かなものが彷彿できる。国道16号を隔てて東京湾が雄大に広がり、2階の窓から背伸びをすれば海が望めそうで、当時は海沿いの住宅から釣り竿を延ばせば魚が釣れると冗談を言っていた。地区の東方の高台には防衛大学校の広大な敷地が広がり、その敷地の緑地が目に入る。

地区は、東西に長いエリアで、幹線道路、準幹線道路でいくつかのブロック（街区）に区分され直線の区画街路が整然と通り、効率の良い宅地割りで区分されている。このため街並みには際だった変化は無いが統一感のある外構と家並みが整然とした落ち着いた景観を構成している。区画道路の交差部には当時出始めたイメージハンプ[43]が設けられている。但し全ての道路ではないので工期の遅いブロックで採用されたと思われる。中央部に空白部があり当初は事業地と記されていたが、現在は駅前の西友と市営プール以外は住宅地として分譲されている。

海と国道16号バイパスの間に幅の広い緑地帯と遊歩道が設けられ海との緩衝帯となり環境整備が成されている。国道16号バイパス沿いの地区側の外構は、グリーンベルトで、植栽が密集し暴風、防砂、防潮林となり建物の保護を図っている。この緑地帯に沿ってタウンハウス（連棟式住宅）が設けられている。33棟、189戸の規模である。いくつかのブロックに分かれ、棟と棟の間に集合型駐車場が設けられている。駐車場の空間は、連接して高密度感を生じさせる住宅形式の中で空間のアクセントとなりゆとりの効果をつくっている。先に紹介してきた、鷹取台でもタウンハウスを供給しているが西武はこの当時商品性として自信を持っていたようである。その後の開発では見られない商品である。

2地区とも高級という冠が付いている。30年前の建設された初期に見学に訪れたことがあるが現在でも色あせず街並みは好印象を持った。

---

43 道路のカーブや曲がり角部やT字路、十字路交差部など、車に視覚的な注意を与えるため舗装材を変える技法。イメージハンプは平坦であるが本来のハンプは凸型で車に振動を与えスピードを制御する。

当時の仕様を見ると、敷地は個人の所有権（専有持ち分）が66坪〜70坪と広く、駐車場が共有地となっている。建物面積は38坪で4LDKとゆとりのある面積規模である。ユニークなのは全戸にパティオ（中庭）が設けられていることである。管理費が設定されていて当時月額1,000円、フラワーベルト（道路沿いの共通外構の植栽部）積立金入居時20万円、月額500円、駐車場使用料が月額4,000円となっている。現在の金額は不明であるがこの管理費用が環境維持に繋がっている。

　間口寸法は7ピッチ（6,370）mm、奥行きは17mと外から見てもボリューム感が充分伺える。2階の屋根は大屋根風であるが総2階ではないのが高い密度感を減らし、屋根並びのリズムを形成している。

　外構の植栽も手入れが良く共通仕様のレンガの土留めがアクセントラインとなり質感の高い景観を構成している。この地区のは、鷹取台のそれに比べ質は高く、開発時期がわずかに遅い分工夫が進んでいる。白いリシン壁[44]も塩害などのこともあり何回か塗り直していると思われ、きれいである。但し実地調査当日は、風が強く潮風が吹き付けていたため海側の雨戸は全て閉じられていた。もっともいつものことであるかもしれないが。

　当地区も高齢化が進んできたと思われるが、はたして鷹取台のような現象が生じているかは不明である。若い世代がこの立地に魅力を感じ継続してくれていれば幸いなのだが。何時の日か確認しておきたい。

44　リシン（外壁の模様）リシン模様、ひと昔前までは一般住宅でよく使われてきた壁仕上げ。

三井不動産

　三井不動産は、昭和16年（1941）三井合名会社の不動産部門を分離独立し設立された。

　大正3年（1914）三井合名会社を創設し不動産課を設けたのが不動産に関する始まりである。さらに遡れば、18世紀初頭に三井家の不動産を管理する機関として「家方（いえかた）」を設けたのが始まりとも言える。三井合名会社は、同族11名を出資社員として設立された法人である。

　不動産会社でその設立が古いのは三菱地所で昭和12年（1937）三菱合資会社より分離独立し設立された。かたや住友不動産は昭和24年（1949）戦後の創立である。始祖では住友が最も古く400年以上前で平家一門から始まると言われている。事業、商売は、江戸期大阪で銅鋳商「泉屋」で財をなしたのが始まりである。

　この三井合名会社に設けられた不動産課は、三井の所有していた不動産の管理を主たる業務としていた。この時代以前にも小規模な宅地造成と賃貸住宅の経営を行ってきた。戸越で3,000坪の分譲地や大塚駅上分譲地（私は大塚の育ちであるが場所の特定はできない）を供給している。

　三井合名会社は、昭和15年（1940）戦時下の体制転換により子会社の三井物産と合併する。このため三井合名会社の不動産課は、三井物産不動産課となり引き継がれていく。さらに諸経緯から昭和16年（1941）三井不動産が生まれる。

　戦後の三井不動産は、昭和32年（1957）千葉県からの申し入れで、京葉臨海工業地帯埋め立て計画に参入していく。これは、ビル用地を十分に持たない飢餓感が土地を造る浚渫埋め立て事業への進出への原動力となった。この埋め立て地が後の浦安の住宅群となる。一方オリエンタルランドとして昭和45年〜52年に遊園地用地211ha、住宅地用地132haの分譲を受ける。遊園地用地はディズニーランドとなる。オリエンタルランドは、昭和35年（1960）京成電鉄、朝日土地興業、三井不動産の3社で設立された。三井の番頭から三井不動産の社長となった江戸英雄の時代である。

　さらに宅地造成にも進出し、昭和33年（1958）京成電鉄と辰巳団地建設協会の設立に参加、昭和36年（1961）には、日野市高幡台分譲用地を買収し、分譲したのが大規模住宅地開発のスタートと言える。辰巳団地は、坂月ニュータウンと言われ、千城台となる。昭和40年（1965）に着工された206.6haの大規模な開発であった。但しこの開発は、千葉県、千葉市、京成電鉄、野村不動産、三井不動産の5社による共同開発であった。三井単独での開発はその後である。

　三井の宅地分譲面積は、推移表を見ると昭和36年から急カーブで増え、昭和38年（1963）10ha、昭和41年（1966）には20haに達している。そんな経緯の中で進められたのが昭和42年に着工された「湘南ニュータウン片瀬山」であり、大阪市和泉市の「和泉丘陵住宅地」であり、川崎市の「百合ヶ丘住宅地」である。また社内に「住宅委員会」を設け、本格的にマンション事業と戸建て建て売り事業に参入していく。

　三井の住宅地開発事業の本格的幕開けは昭和40年代である。代表的な2地区を紹介する。

湘南ニュータウン片瀬山

所在地	神奈川県藤沢市片瀬山
交　通	ＪＲ「藤沢駅」バス、湘南モノレール「片瀬山駅」徒歩圏
面　積	62.3ha
戸　数	約 1500 区画（詳細不明）
販　売	昭和 42 年（1967）着工、昭和 54 年（1979）完成 分譲開始は昭和 45 年ごろ

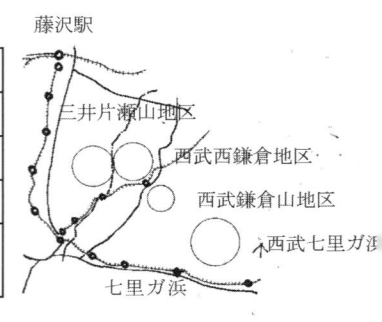

　当地区は、藤沢市の東端部で鎌倉市に接する丘陵地帯に位置する。西側は、市の境界を挟んで西武の西鎌倉地区である。工事は２期程度に分けて進められたようで、途中で分譲は進められている。当地は昭和41年（1966）半ば、造成の状況で朝日土地興業から買収した。45.7haであったがさらに周辺を買い増した。地形は高台で緩やかな起伏のある地形で、この起伏が街並み景観に変化を与えている。

　立地上は湘南の中核都市藤沢に至近で、江ノ島、鎌倉にも近距離である。買い物、教育、レクリエーションなど住宅地に必要な魅力が十分享受できる魅力ある住宅地の１つとも言える。

　マスタープランを見ると南北に幹線道路が通り地区の骨格となり藤沢市中心部へ結ばれている。幅員16mの当時としてはしっかりした高規格道路で藤沢市の都市計画道路として位置付け建設されたものである。地区の中央部には、市立片瀬山中学校が設けられている。街区構成は、幹線、準幹線道南北道路が主で、地区の骨格を形成し、区画は6mの東西軸道路で整然と区分されている。宅地規模は一部縁辺部等には大型の宅地も見られるが多くは200㎡（60坪）程度である。地形上から道路勾配がきついところもある。このため道路と宅地の段差も有り、擁壁やアプローチ階段、トンネルカーポートが道路沿いの景観要素となっている街区もある。

　大船駅からモノレールで片瀬山駅、バスで藤沢駅に至るコースで訪れた。建物は、10数年に亘り分譲され、30年～40年を経ているが手入れも良いのかきれいに保たれている。外構は、擁壁はけんち石[45]が殆どで、自然石系はあまり見かけなかった。当時出回り始めた既成コンクリート製のトンネルカーポートが多く見られた。生け垣、庭木のボリュームが厚く、手入れも良く、街並み景観に潤いとやわらかさを与えていた。

　片瀬山駅からは登り坂が多く、特に年数が経ち高齢化の進んでいる住民にとっては日常生活上きつい。先に紹介した西武の鷹取台同様高齢化と２世代目の若い人がどれだけ住み、受け継いでいるかが心配でもある。好立地で魅力的とは言え若い世代の評価は不明。地区内の所々に藤沢市が設けた案内版で地区が風致地区であり、自治会の案内板で建築協定が設定されていることが分かる。立地を生かし、保全を図る行政と住民の体制はある。ハードな環境維持とソフトの住民の基本的コミュニティー体制はできている。問題は若い世代の継承と継続であろうか。

45　間知石　石垣や土留めに用いる土木資材。

百合ヶ丘住宅地

所在地	神奈川県川崎市王禅寺
交　通	小田急線「新百合ヶ丘駅」と「百合ヶ丘駅」バス及び徒歩圏
面　積	71.9ha
戸　数	約2000戸（詳細不明）
販　売	昭和41年（1966）分譲開始

　当地区は、川崎市の北部の丘陵地帯に位置している。昭和40年（1965）約40haを着工、翌年分譲を開始。昭和43年、昭和45年と連続着工し昭和49年に造成は完成する。全体像としては、第1住宅地、第2住宅地、第3住宅地と更に45haの第4住宅地と続き10年以上に亘り開発を続ける。初期の分譲当時新百合ヶ丘駅は開設されていない。1つ手前の百合ヶ丘駅である。駅の開設は昭和2年（1927）で、新百合ヶ丘駅の開設は昭和49年（1974）である。しばらくは百合ヶ丘駅からのバス便であったが新百合ヶ丘駅の開設で利便性は高まった。

　川崎市は新百合ヶ丘地区を内陸部の広域都市拠点と位置付け都市整備を進め、駅前の広場、人口デッキ、歩道、商業施設などの集積は近年さらに充実してきた。昭和音楽大学を始め文化施設、活動も盛んになり海側の川崎市とは全く違うイメージを形成している。10数年かけた万福寺地区の広大な開発（区画整理）の完成により地域人口はさらに増え、並行して都市施設の充実が加

速している。ここも三井は代行、指導、住宅分譲などで参加、まさに新百合ヶ丘地区は、三井の開発整備によってできた。

　第4地区は南北約2kmと変形ながら細長い形態で、中央部を幅員15m両側歩道付きの幹線道路が新百合ヶ丘駅と柿生駅を結んでいる。この道路は川崎市の都市計画道路として作られた。地区は北側、中央部、南側の各ゾーンに概ね分けることができる。中央部に王禅寺小学校と王禅寺中学校が設けられ、幹線道路を挟んでセンターの新ゆり三井プラザが設けられスーパーマーケットや個店が計画的に設けられている。地形は緩やかな起伏で、変化がある。この起伏に対応して幹線道路から各ゾーンにコレクティブ道路（集約道路）が大きなループ状で外縁部を周り、ここから区画道路が東西軸で整然と通されている。宅地の規模は確認していないが平均的には200㎡と思われる。地形はいくつかの丘陵を造成したため緩やかな坂道も多く景観的には変化がある。道路と宅地の段差もあり擁壁の目立つ街区も多い。地区の縁辺部には造成上の理由もあり遊水池、公園、緑地が住宅地を囲むように設けられている。

　街は住民層も良好で、新百合ヶ丘駅からの幹線道路沿いには洒落た飲食、物販店が進出している。周辺はさらに新しい住宅地開発が進み市街地は連接し、新百合ヶ丘駅からは一体化している。このため沿道の店舗も増え、店が道路沿いの景観をにぎやかにし、街の顔ともなっている。王禅寺小学校の校舎の増築工事が進められているところをみると周辺人口はまだ増加しているようである。住宅地内は、時間も経ち住民の質から住宅や外構の手入れも良く、緑も豊かで落ち着いた住環境形成が成されている。

日本新都市開発

　日本新都市開発は、昭和41年（1966）経済4団体の1つである経済同友会の幹部有志が発起人となり、70社の出資を得て設立されたデベロッパーである。当時の会社案内の役員名簿や株主名を見ても極めて多様な企業名と関係者が名を連ねている。設立主旨はあくまで住宅問題解決を目指した業務であり事業目的であった。事業地は東京都以外の関東全域の県下で開発を進めている。マンション（集合住宅）も多く戸建て住宅と集合住宅の混合型も有る。圏域では30km圏の外に分布している。

　設立から数年で埼玉県所沢周辺において始まる。昭和45年（1970）の所沢ニュータウンの2,150戸が初事業となる。写真で見ると戸建て住宅と中・高層住宅の混合開発である。所沢ではその後昭和55年（1980）西所沢椿峰ニュータウン、エステ・シティ中富などを手がけている。会社はその後バブル崩壊と共にその役割を果たし、事業を縮小整理し近年ニューシティコーポレーションと社名も変わり近年倒産したとある。まさに時代の波間に飲まれていった感がある。このため、ニュータウンの管理などはどうなっているかは未確認である。

鳩山ニュータウン

所在地	埼玉県鳩山町
交　通	東武東上線「高坂駅」バス
面　積	140ha 戸
戸　数	3400戸（人口12000人想定）
販　売	和48年（1973）分譲開始

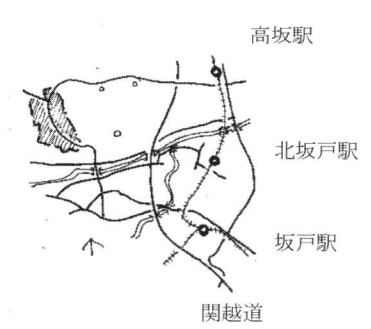

　鳩山ニュータウンは「高坂駅」までバス便で池袋駅へは約50分である。人口12,000人想定の大規模開発である。テラスハウスなどのタイプも有るが、マンションは無く戸建て住宅地である。

　開発は、昭和43年ごろから模索し始め、埼玉県が発表した県西部の「比企丘陵都市開発構想」が梃子となり自主開発を進める。当時地域はまだ鳩山村で人口も5,000人未満であった。地域は東京から55kmと遠隔地であり、比企丘陵、鳩山丘陵と呼ばれた丘陵地帯で、道路、河川、供給処理、都市施設、教育等々何も無い状況からの船出であった。

　当時の事が記されている社史を読むとかなりの苦労が随所に見られる。用地買収、地区へのアプローチ道路の建設（工事用道路、駅と結ぶ道路）、河川改修、上水道の確保、下水処理、雨水処理、買い物施設、教育施設など限りなく課題、問題があった。一方新しいまちづくりに燃え各種の工夫、アイデアを集め良質な住環境を造る努力をしていく。21ヶ所の公園配置は、各住戸から数分の場所。これは近隣住区論から来ている考え方である。

　地区は、大きく3つのゾーンに区分できる。それは供給年代が3つに分かれ、結果、街のテー

ストも時代により違っている。初期に分譲された東南側は1970年代にオーソドックスでセオリー通りにまとまっている。中期となる西側は、1980年代で、道路の線形や形態や仕様にいろいろ工夫が加えられている。後期は、1980年代の後半部でバブル期に計画された高級住宅地仕様の「松韻坂地区」である。ここは、それまでのテーストとは全く違う仕様で、緩やかなカーブ道路、自然石の外構、広い敷地、大きな建物などが立ち並んでいる。

　私が始めて当地区を訪れたのは、昭和53年ごろで、販売開始から5年ほど経っていた。

　高坂駅から至ると高台に向けて森の中を切り分けるように進み、いきなり桃源郷のように住宅地が現れる。スーパーマーケットを中心とした商店街が有り、飲食店、郵便局、集会所も有り生活は活発に始まっていた。その後何度か訪れる機会があり変化を見てきている。近年は周辺部に公団などの住宅地も増え、高坂駅前にも大きな開発が行われていてにぎわいができている。

　一方、当地区は高齢化が進み、若い次の世代が継続して住まない家も有り、空き住戸の問題が起きてきている。コミュニティーの原点である自治会活動は当初より活発に行われていた。それは施設や資金で開発者が支援していたこともあり、離れ小島的環境であったせいもありかなり活発だった。しかし遠郊外型住宅地の抱える共通の課題はなかなか解決しにくいと思われる。今後の行く末が気になる地区である。

東急電鉄

美しが丘

業名	元石川第一地区、第二地区
所在地	神奈川県横浜市青葉区美しが丘
交通	東急田園都市線「たまプラーザ駅」徒歩圏
面積	第一 118ha、第二 95ha　計 213ha
戸数	第一 4285戸、第二 3490戸　計 7775戸
販売	昭和44年（1969）分譲開始
手法	土地区画整理事業

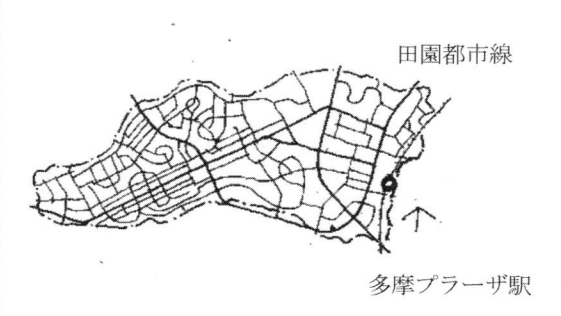

　多摩田園都市は、都心から西南部へ約15kmから35kmの圏域で、開発面積5000haで、川崎、横浜、町田、大和の4市にまたがった広大なエリアである。

　この中で元石川第一地区は、多くの東急の開発地区でもユニークさ、工夫のされ方では、際立った特徴を持っている。その後第一地区の南側に隣接、連帯して昭和48年から分譲する第二地区（95ha、3,490区画）と併せ「美しが丘」と称して恥じない名称の地区である。

　土地区画整理は何かと制約の厳しい事業の性格中での工夫である。また当時のまちづくりへの熱き思いが成したのかもしれない。横浜市青葉区の田園都市線の中核駅「たまプラーザ駅」でこの駅は昭和41年（1966）の田園都市線開通時「元石川駅」名で設けられた後改名している。

　計画図は当初特徴の無い計画図で進められ、昭和38年に10番目の開発として整地工事が開始した。しかし途中で高圧線の問題や市境界の問題から中断し見直しが行われた。区画整理事業とはいえ東急が80％の土地を所有し、田園都市構想の中央部に位置しているなどから、新しいまちづくりを構想しようということになり、これまで碁盤の目状の街路パターンをやめ、新しいマスタープランを作成した。

　日本の近代の住宅地やニュータウン計画の多くは欧米の事例に学んだものが多かった中で、アメリカの「ラドバーン」を参考にした。いわゆるラドバーン方式と言われる考え方で、大きなポイントは「歩者道分離」である。ラドバーンは1920年代の後半、アメリカニュージャージー州フェアローン市に造られた街で、建築家クレランス・スタイン[46]とヘンリー・ライト[47]の計画で建設された歴史的に世界を代表するニュータウンである。

　このラドバーンを参考にして計画されたマスタープランは、

46　1882年～1975年　アメリカの都市計画家、建築家。ガーデンシティをヒントにつくられた都市 ラドバーンの設計者として知られる。
47　1878年～1936年　アメリカ住宅専門の景観デザイナーとして著名で、20世紀初頭にアメリカで数々の住宅地を設計してきた 建築家、都市計画家、都市設計家。

①　駅、学校、公園等への歩行者専用道路の設置。幅8m、5m、4mの3種。
　②　クルドサック道路の採用。車返しの植栽設置。カーブ道路。
等々工夫が随所に見られる。但し、これらの事は、横浜市でも経験が無く、施工基準、移管事例も無く困惑し判断に迷い困った。
　歩行者専用道路の概念が行政上無く、平常時は車止めで侵入を防ぎ、緊急時には進入可能にするなどの対応で判断した。さらには区画整理事業の路線価による土地評価は難儀した。
　後年私が東急電鉄のある地区の計画に参加し、横浜市とも協議を重ねていた中で出た話題に、この美しが丘の道路計画や造成計画が話題になった。横浜市でも先輩達からそのユニークさ、東急のまちづくりへの斬新さ、熱心さが話題として語りつがれていた。
　区画整理事業は昭和41年仮換地指定[48]を終え、44年に換地処分をし解散する。地区内には日本住宅公団のたまプラーザ団地が1,254戸建設が決まり、たまプラーザ駅が開業した。町名も計画通り美しくできた街、さらに美しく育つようにとの願いも込められ、銘々された。
　第2の田園調布を目指したとも言われているがさてその水準、評価に達したかは分からない。しかし、高質な住環境形成を成す田園都市沿線でもさらに抜きん出た高い住環境形成を成していることは間違いないといえる。
　一時、環境、景観を壊すアパートを規制するために設定した建築協定が現在どうなっているのか、新たな問題が発生しているのかは不明なところである。住民の高齢化、新旧住民の入れ替えなどから当初の環境が維持しにくい事も他の事例で想像はつく。しかしできるだけ当初発案者の発想への理解、保全がなされる事を望むものである。
　最近のニュースでは協定で縛られ宅地を分割できず中古価格が高く売れず、高齢世帯が難儀していることが報じられた。

48　従前の宅地に換えて新たに使用、収益することが出来る仮換地を指定する行政処分。

3章　主要な住宅地開発（1）
―昭和 50 年代―

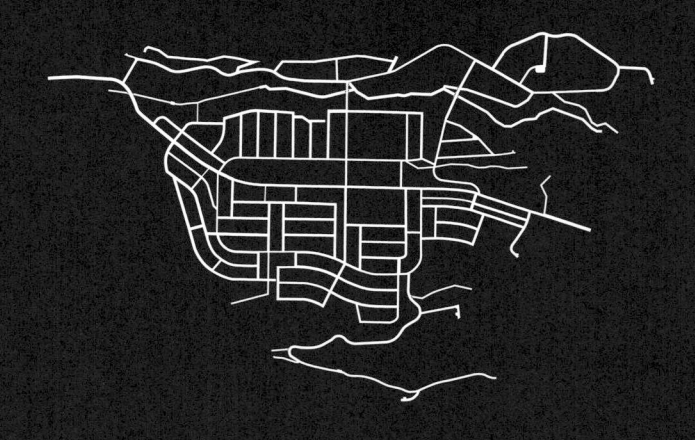

披露山庭園住宅 (開発主体企業—TBS興産)

所在地	神奈川県逗子市小坪3丁目
交　通	JR横須賀線「逗子駅」バスで10分 バス停「披露山入り口」
戸　数	約200区画　約500㎡/区画
開　発	昭和40年 (1965) ～昭和50年頃
販　売	昭和50年 (1975) 頃宅地分譲

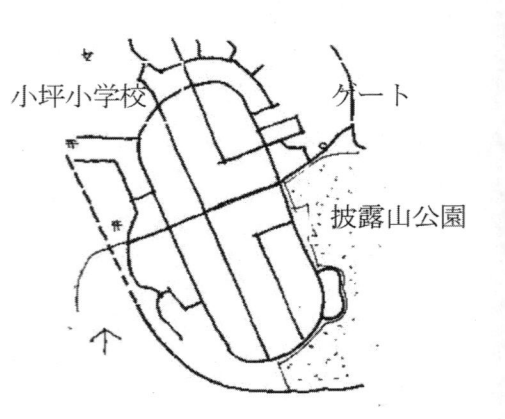

　当地区は、TBSグループのTBS興発により開発分譲された。この会社は昭和39年に創立されたようであるが、当初はTBS興産と称し昭和41年にTBS興発に変更、昭和50年に三井不動産に譲渡され今は無い。

　バス停から登り坂を歩いて10分～15分である。地区は標高100m程の高台で、小坪山と呼ばれる半島状の小山の中腹を造成して造られた。地区内には古事記、日本書紀に記してある日本武尊が東北地方の平定に向かう時に通ったと伝えられている旧東海道の跡が今も有る。現地で残念ながら特定できなかったが、言われてみればうなずける様な気がしてしまう。

　鎌倉時代には幕府の要人が好んで別荘を設けた地区ともいわれている。地区の名称である披露山は地区の隣地にあるさらに高台の公園の名称でもある。鎌倉に入るとき源頼朝への献上品を披露した所で、故に披露山と呼ばれているとの説がある。披露山公園は昭和33年 (1958) に開設された逗子市の公園で、レストハウス、小動物園、無料駐車場、展望台、花壇などが設けられている。この花壇の所に戦時中高射砲が設置されていた。展望台に登ると太平洋、相模湾、富士山、江ノ島と雄大な景色が望める。さらには小坪港、逗子マリーナも眼下に見下ろせ、すぐ下には庭園住宅地が見渡せる。宅地も広く、建物も大きく、空き地の管理も行き届きまさに高級、高質な住宅地で庭園住宅の名に恥じない住環境であることが分かる。縁辺部以外は大規模宅地が守られていたが、バブル崩壊後は何宅地かに区分けされ小規模宅地も増えてきたと言われる。

　地区内は開発当初から電気、電話は地下埋設化され、道路は緩やかなカーブ道路を意図的に採用し、擁壁は高さ2m以内、塀は禁止、建ペイ率は20％ (一部40％)、建物高さ8m以内、宅地の区分分割不可、などの厳しい建築協定が有り今も守られているという。

　地区には財界人、大学教授、芸術家などが住み、高いレベルの住文化、コミュニティー形成ができている。以前縁在って住民の方の家に何度か訪ねた、その方から日本で初の民間戸建て住宅地で法人格の管理組合を作ったと聞いた。当時できたばかりの区分所有法 (いわゆるマンション法) の応用編であったと聞いた覚えがある。住民の財界人などが中心となり弁護士や専門家の知恵を集め、環境の維持、資産価値の保全、コミュニティーの形成などを重視し法人格を設定した。

　地区の入り口にあるゲートとなる管理事務所では出入り者のチェックをし、特に映画などのロケには十分警戒し、事前の許可を必要としている。撮影は有料とのこと。管理費も、管理組合入

会賛助金 100 万円、維持管理費 12,000 円／月となっている。更地のままの所有者からは高い管理費を徴収している。それは専属の造園管理者を住民で雇い、芝生の手入れをしているが、住んでない人の敷地は芝生面積が広く手間がかかるからだとの理由であった。納得できる規定である。まさに庭園住宅地にふさわしい住環境、景観を保った住宅地である。近年芸能人も増えているが、当初は船長経験者が海を身近に見て暮らしたいとの願望から、退職後に住まうために求めたとも言われる。

当地域は明治期に鎌倉を中心とした近代の別荘地、レクリエーションゾーンであった。

JR逗子駅は結構古く明治22年（1889）に開設されている。京急新逗子駅は昭和5年（1930）湘南電気鉄道として開設された。逗子市は、昭和29年（1954）市となる。昭和18年（1943）に横須賀市に編入されているが、さらに今度は昭和25年（1950）分離独立し、昭和29年（1954）市制を敷く。何故このような変遷を経たのかは分からない。

また平成12年（2000）には、「古都保存法の指定都市」となっている。この法は昭和41年（1966）に制定された「古都における歴史的風土の保存に関する特別処置法」で、全国で8市1町1村が指定され、関東では鎌倉市と逗子市だけで、他は京都市、奈良市、櫻井市、天理市など殆ど関西圏の行政体である。逗子駅から海岸に向かう間の逗子開成高校のある新宿2丁目当たりに竹の伝統的塀が並び手入れも良く、住民の質の高さが伺える街並みがある。ここも当初は別荘地で、後定住者が増え現在の高質な街の形態を成したと思われる。また近年の統計によると逗子市は、県下で最も高齢化率が高くこの辺が市や当地区の今後の課題と考えられる。

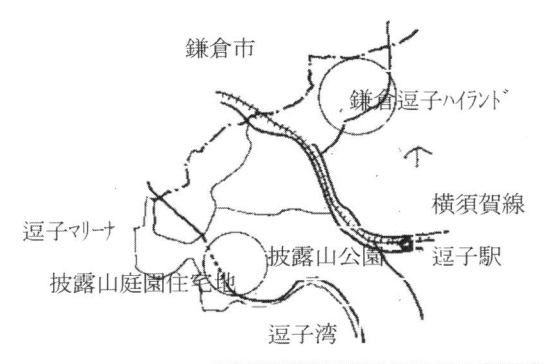

ユーカリが丘（開発主体企業—山万）

所在地	千葉県佐倉市ユーカリが丘
交　通	京成電鉄「ユーカリが丘駅」、ユーカリが丘線
面　積	152ha、後4地区93.5ha増　計245.5ha
戸　数	5460戸、後2950戸増　計8410戸
販　売	昭和54年（1979）分譲開始～現在進行

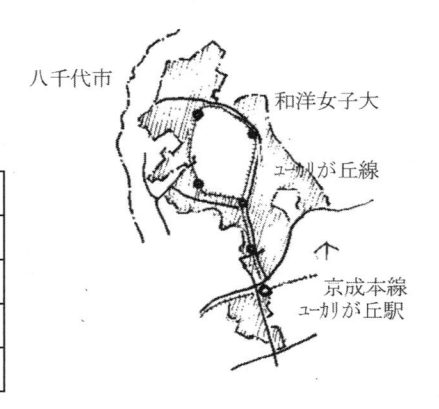

　昭和46年（1971）開発着手したユニークな開発が行われている内容の住宅地都市である。

　山万は昭和26年（1951）繊維卸売りを業とし大阪で開業した。

　昭和39年（1964）東京オリンピック開催の年、大阪から東京に移転してくる。翌昭和40年宅地開発事業に進出する。横須賀市で約47haの湘南ハイランドの開発に着手する。京急久里浜駅の西方で、横浜横須賀道路の起点佐原インターチェンジ（IC）の南方である。ハイランドというカタカナ文字の名称は日本初で昭和43年には分譲を開始した。当時はまだ珍しいテニスコート、ゴルフ練習場、プールなどの施設を設けた開発であった。

　この宅地開発の試みや反省点、経験を基に昭和46年（1971）ユーカリが丘に着手する。それ以外にも佐倉市上志津地区、横須賀市浦賀地区、千葉市八千代台他マンションの事業も進めている。繊維屋さんが何故デベロッパーに転身したのかは不明であるが—昭和40年代の時代的背景が当時の経営者にとって事業意欲を駆り立てた—大変ユニークな会社である。

　このユニークさは紹介するユーカリが丘の開発にいろいろ表れている。

　当地区は、東京40km弱圏に位置し上野まで55分であるが、船橋でJRに乗り換えて東京駅へは50分弱で行ける時間距離である。駅は山万が開発に併せて昭和57年（1982）建設し、京成に渡し開業した。総人口約3万人を想定しているビッグな複合開発で平成21年時人口15,400人、5,758世帯が暮らしている。地区は、大きく4つの事業により構成されている。

①ユーカリが丘（第1期）—152ha、5,460戸、計画人口20,218人、1戸建て宅地、初期はハウスメーカーとの共同分譲で後自社建て売り分譲を始める。駅前に県下初の100mを越える超高層マンション「スカイプラザ」3棟他

②南ユーカリが丘（第2期）—15.5ha、570戸、計画人口2,065人、ユーカリが丘駅の南側の地区、1戸建て住宅、自然石積み擁壁の重厚な外構の街並み、幹線道路沿いの商業施設

③井野東土地区画整理事業—48ha、1,380戸、計画人口4,810人、佐倉市都市計画事業、第1期の隣接地区、1戸建て住宅地

④井野南土地区画整理事業—15ha、1,000戸、計画人口3,000人、大型スーパー等の商業施設予定、現在基盤工事中

⑤ユーカリが丘福祉の街構想—15ha、各種福祉関係施設、特別養護老人ホーム、介護老人福祉施設、介護老人保健施設、知的障害者入所厚生施設、障害児（者）地域生活支援センター、

有料老人ホーム、等　（建設済み若しくは予定）

　開発名称別には以上のような内容であるが、当地区の開発内容はさらに極めて多様で、地区が話題に上ったのは、京成本線のユーカリが丘駅から地区内に設けられた、モノレール―新交通システム―山万ユーカリが丘線である。地区内をループ状で通り約4kmの高架線で、駅は6つ在る。純民間企業による経営としては初で、昭和58年の開業である。当時他地区で似たような構想が民間住宅地で検討されていたが他は実現せず、ユーカリが丘で実現すると極めて珍しく、話題となり、魅力ともなった。地区中央部に誘致した和洋女子大学への通学路線となっている。

　当時住宅地は建設省、鉄道は運輸省と監督官庁が違うためいろいろ苦労があると聞いた。経営的には大変であろうと思うが現在も整備が整い運営されている。住民の貴重な足となっている。子供達が100円で乗車しぐるぐる回っていることもあるが大目に見ているようである。大人は200円である。当時は無人化運転が許可されず運転手1人のワンマンカーである。

　当開発の特長は単に住宅地開発だけではなく、まさにニュータウンあるいは新しい都市を形成していることである。

　行政の協力もあるがこれだけの規模、内容の開発を民間の一事業者が進めている事例は仙台の三菱地所が進めている「泉パークタウン」以外には知らない。

　パンフレットに記載されているコンセプトに、「『千年優都・快適環境をめざす人間の街』とし5つのコンセプト―生活、自然、地域社会、文化、未来―」とある。まさにコンセプト通りである。ユーカリが丘駅を降りると駅周辺に配置された商業集積、都市ホテル（ウィシュトン・ホテルユーカリ）、シネマビル（ワーナーマイカル）などと超高層マンション群とそれらを結ぶペデストリアンデッキ[49]が都市景観として目に飛び込んでくる。施設の中には、スポーツクラブ、ＣＡＴＶ、総合クリニック、ＮＨＫ文化センター（各種教室）、プール、ボーリング場、女性支援センターの託児所などが設けられている。

　地区内には、3つの小学校と1つの中学校と保育園、幼稚園が多数設けられ、公園は環境共生をテーマにした宮の杜公園を始め大小24ヶ所配置され、クラインガルテン[50]も具備され休日の野菜作りが楽しめ、散策、散歩、虫取りも楽しめる場が多様に用意されている。

　また住民の生活で最も重要な安心、安全をテーマにＮＰＯ法人クライネスサービス[51]が2004年に設立され防犯、防災、福祉のためのボランティア組織が活動している。また地区専門の警備会社タウンパトロールが24時間365日地区内をＮＰＯ法人と連携して巡回警備している。居住形態では、何世代に渡り地区内で住み替えていけるシステム、サポート体制がある。家族は世代により必要な住居形態、規模があるがその生活に合わせ買い取りやリノベーションにより循環させていく。子供が生まれ、育て、巣立ち、老後の暮らしに入る永い人生のライフスタイルをサポートしていくシステムである。

49　pedestrian deck　主に駅の周辺に、歩行者と自動車の通行を分離するために設置された高架通路。
50　独 Kleingarten 《「小さな庭」の意》ドイツを初めとするヨーロッパで盛んな市民農園の形態の一。
51　自分たちの街は自分たちで守ろうと有志が立ち上がり、防犯パトロールを中心とした活動実施しているＮＰＯ。

住宅の商品も多様で自分好みの住まいが見つかるように用意されている。これもこの住み替えに対応していくシステムの1つと言える。これは昔から住宅地での大きなテーマであったが理論的に分かっても実現は叶わないシステムであった。こんな身近な街で進められているとあらためて驚いた。

またコミュニティー活動も盛んである。各種サークル、趣味の会、我が街ニュースの発行、季節のお祭りやイベント、山万の社員が中心となって月1回行うクリーン大作戦は30年間も続いている。ちなみに山万の社員の80％が当地区に居住しているという。これは他社では滅多に無い現象である。社員が住むと何かと住民からのクレームや意見が入り込みいやなものだから概して住みたがらない場合が多い。

手元に地区の人口と世帯数の変動グラフがある。昭和54年の分譲開始から30年、人口は右肩上がりで年々増加している。他の郊外型住宅地に見られる高齢化による若年層率の減少とは全く違った現象で大変興味深い。30代の若い世帯の入居数が毎年あるという。これは先の各種支援施設やシステムが若い世代に魅力を与え既存の居住者の口から口に伝わり宣伝されているためであろう。分譲も年200戸と押さえ計画的に供給されている。

住宅地の事業に昔から悪い言葉ではあるが、売り逃げ的に手離れの良い事業が望ましと言われている。しかしここではむしろ積極的に住宅地の経営、街づくりの継続性（サスティナブル sustainable）を実行していることが大きな特長であり、魅力であるといえる。

近年は、新しいテーマとして「エコ」を目指し、電気自動車、バスの導入を推進し、既に4ヶ所の給電スタンドが設けられている。電気バスは、12人乗りで、モノレール駅へのさらなる利便性を高め、高齢者や地区拡大に対応した利便性確保を図ったもので、当面は試験的導入であるが先々の新しい交通システムとしていく予定である。今回、久しぶりにユーカリが丘に訪れ担当者から貴重な資料と話を伺えた。

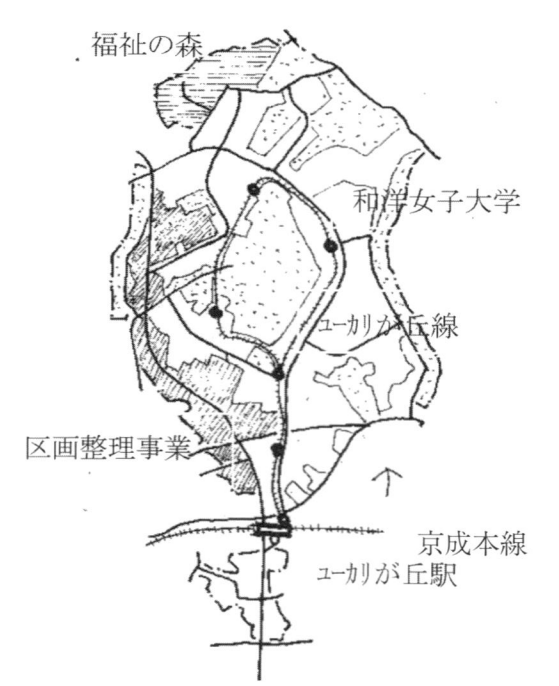

3章　主要な住宅地開発（1）

北野台（開発主体企業―西武グループ）

所在地	東京都八王子市北野台
交　通	京王線「北野駅」バス17分
面　積	56ha
戸　数	約2000戸
販　売	昭和56年（1981）ごろ分譲開始

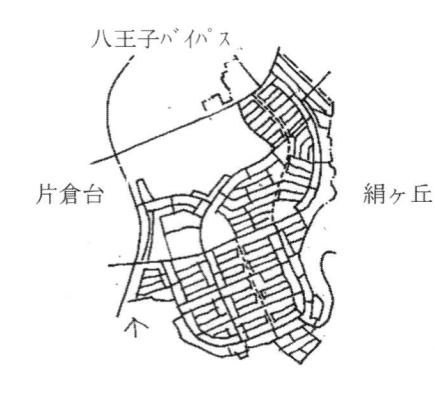

　当地区は、都心から40km圏に位置し新宿から北野駅まで急行で約40分である。新宿周辺通勤なら1時間強、丸の内なら1時間半の時間距離である。地形的には多摩丘陵で、多摩ニュータウンの台地の延長である。地区の西側には、当開発と併せて計画され施行された広域道路の八王子バイパス（都市計画道路、国道16号のバイパス）が南北に通り地区と直結している。バイパスを挟んで、西側に東急不動産が開発した片倉台が連接している。地区の東側にも住宅地が連接している。互いに地域の幹線道路で結ばれ、バスルートも周っていて同一団地の開発に見える。八王子市の南台地に展開した住宅地ゾーンである。

　北野台は、西武鉄道と西武不動産が昭和45年（1970）住宅地造成事業法に基づく開発行為の許可をとりスタートする。基盤整備（造成）の竣工は、昭和56年（1981）である。都立多摩丘陵自然公園の地域で、航空写真でも分かるように地区周辺は既存の緑が保全された地帯である。現在もなお豊かな緑に囲まれた住環境である。

　全体計画図を見ても行政の地域開発構想・計画との連動性、協調性が伺える。地区の幹線道路は、両側歩道のある幅員18m道路で地区の交通の軸となり、地区外や隣地片倉台と結ばれている。地区内をサービスしている準幹線道路は13mと9mでこのコレクティブ道路（集約道路）が、区画道路（細街路、生活道路、5m、6m）と旗の字状の街区でユニット化（街区単位）され結ばれている。当時採用され始めた通り抜けのできないUの字型道路である。このUの字型道路の間を地区の南北に貫いているのが幅6mの緑道で、延長距離1.6kmある。歩行者の安全を図った動線軸であり緑の環境、景観軸である。

　また地区には、大小11ヶ所の公園が分散配置されている。各住区の中で、住戸から近距離に配置したことが分かる。近隣住区の考え方である。古典的とも言えるが当時の先進的思想をもって計画されたマスタープランの1つと言える。手元に昭和53年（1978）第6期という古い販売パンフレットがある。初期の販売は昭和50年ごろと思われるが、早30年以上の時を経ている街となった。まだ建て替えの迫った建物は少ないと思われる。街を歩いても新築らしき建物は少ない。建築・緑化協定は守られ、広めの宅地の庭木や外構の緑は育ち豊かな住環境、景観を形成している。成熟した街と言える。危惧するのは、都心部からの距離、バス便、時間距離などが次の世代の引き継ぎや魅力になっているか不安である。これは多くの郊外型住宅地の共通課題である。高齢化した住民の方の医療、買い物に不便をきたしていなければよいがと思う。

3章　主要な住宅地開発（1）

千福ニュータウン（開発主体企業―東急電鉄）

所在地	静岡県裾野市千福が丘
交　通	JR御殿場線「裾野駅」「三島駅」バス 東名高速道路「裾野IC」
面　積	83ha
戸　数	1067戸
販　売	昭和55年（1980）ごろ販売開始

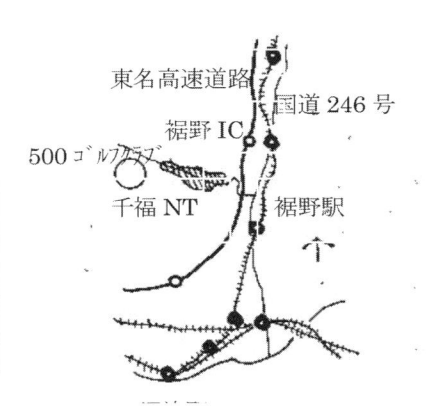

　電車では極めて不便で車で国道246号線を通っていく場所である。地区は、富士山の裾野に位置して、どこからでも富士山が眺望できる。
　事業主体は東急電鉄で商品企画・建設・販売は東急不動産である。
　昭和55年（1980）に開発許可を取りスタートした。この地域は静岡県の内陸工業地帯が、国道246号線沿いに展開するゾーンにある。ここで働くブルーカラー層をターゲットとした住宅地であった。また東急電鉄の用地取得はこの千福ニュータウンとさらに富士山に向かって奥のゾーンに500GC（ファイブハンドレッド・ゴルフクラブ）という会員500人限定のハイレベルのゴルフ場を作り、さらには奥に本格的別荘地を想定したゾーンと3つの性格の違う開発構想を持った。国道から真直ぐ富士山に向かって通る東西方向の幹線道路が、住宅地を南北2つのゾーンに分けている。幹線道路は高度を上げ延びていて、ゴルフ場、別荘地と3つのゾーンを串刺しにしている。最も奥のゾーンは、「ヒノキの森」で、大企業向けに1区画数百坪の区分で研修施設として分譲したが、入居企業は少なく事業は残念ながら成熟していない。
　住宅地の南側は一般向け街区で、工業地帯の勤労者向けで宅地規模も60坪前後でまとめられている。ショッピングセンターが設けられていたが、現在は住宅地として分譲されている。幹線道路沿いの宅地は幹線側に駐車場は設置できない。巾3mの緑地帯が設けられている。
　ゴルフ場へ向かうVIPな人への配慮と地区の顔としての景観形成から、ゆるやかな登り坂沿いの斜面を緑化し連接させ豊かな表情を作っている。

一部の街区に巾3mの共用道路（両側から1.5mずつ供出した街区専用の道路、共有地ではない）を設け、一方通行とし木質感のあるカントリー風の街並みを商品化した住宅地がある。共用地によるコミュニティー形成を高めること、道を私有地とし広場化を図ることなどを目的として道路はカラー舗装されている。この道路沿いに駐車場が設けられている。一方幹線道路の北側（富士山に向かって右側のエリア）は別荘街区である。宅地規模も100〜300坪と大型で擁壁も少なく、厚みのある緑の外構、緩やかな法面[52]処理、縁石の無い法面下端処理、大きな家、芝生の駐車場と景観形成を高める仕様でまとめられている。今でも外構の植栽は手入れも良く、潤い溢れる美しい街並みが形成されている。

　管理は各戸個人が造園業者と管理契約をして維持管理をしている。住民の意識が高いのと手入れが悪いと目立つためさぼれないとの気持ちが働くのかもしれない。

　共同、共通の管理ではないと聞く。私は何度かこの地区の計画に関与してきたが、今も何かというと各部の要素を参考にしようと事例見学地の一つとしている。もっとも今ではこのような高質な景観・環境のまちづくりはできないが参考となる事例である。

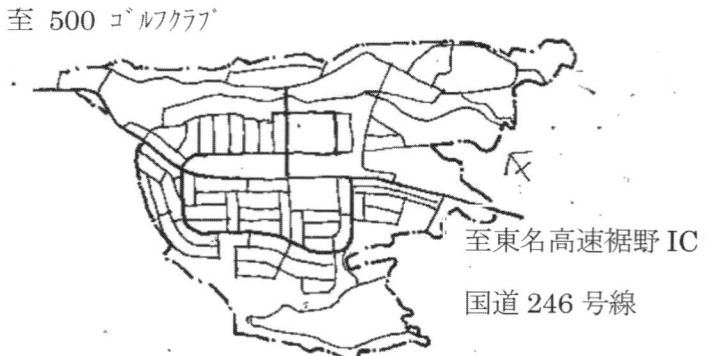

52　土地の造成時に土を固めて作られた斜面のこと。

松が丘（開発主体企業―西武グループ）

所在地	埼玉県所沢市松が丘
交　通	西武鉄道西武園線西武園駅徒歩圏 西武鉄道「所沢駅」からバス便
面　積	57.6ha
戸　数	1063戸
販　売	昭和55年（1980）ごろ分譲開始

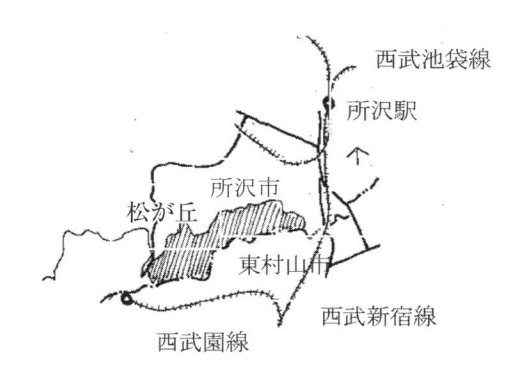

　地区は所沢市の南側で東村山市との市境に接している。県立狭山自然公園の一画で、南の東村山市側は八国山緑地公園で物理的には連接している。

　昭和55年（1980）開発許可を取り事業はスタートする。開発者は西武鉄道で、売り主が西武不動産である。宅地規模は一般街区が60～70坪、地区緑辺部の斜面型宅地は80～100坪である。但しパンフレットを見ても一般型と斜面型を商品名で分けているようではなく、全体を『森の街・庭園邸宅地』と称したヘッドコピーが地区名称の上についている。私が初めて訪れたのはパンフレットの日付からみて、昭和54年・第3期分譲の時であった。一般型街区はセオリー通りうまくまとめていて特徴は無い。緑辺部を見て少々驚いた。ある団地計画で斜面型宅地の商品化を検討していたため、こんなところに実例があるとは。単に保全緑地だと思っていた緑の中に駐車場の擁壁が組まれ見え隠れしていた。「これは宅地です」と書かれたサインを見た時「これだ！」と思った感激は忘れない。25年も前のことである。開発申請ではどのような表示をしたのか、行政の方とどのような話し合いをしたのかとても気になった覚えがある。当地区は時々西武線等の電車内の広告で数戸の分譲をしているのを見かける。まだ残宅地があるようだ。今もって似たような商品の街区を他に見た経験は無い。

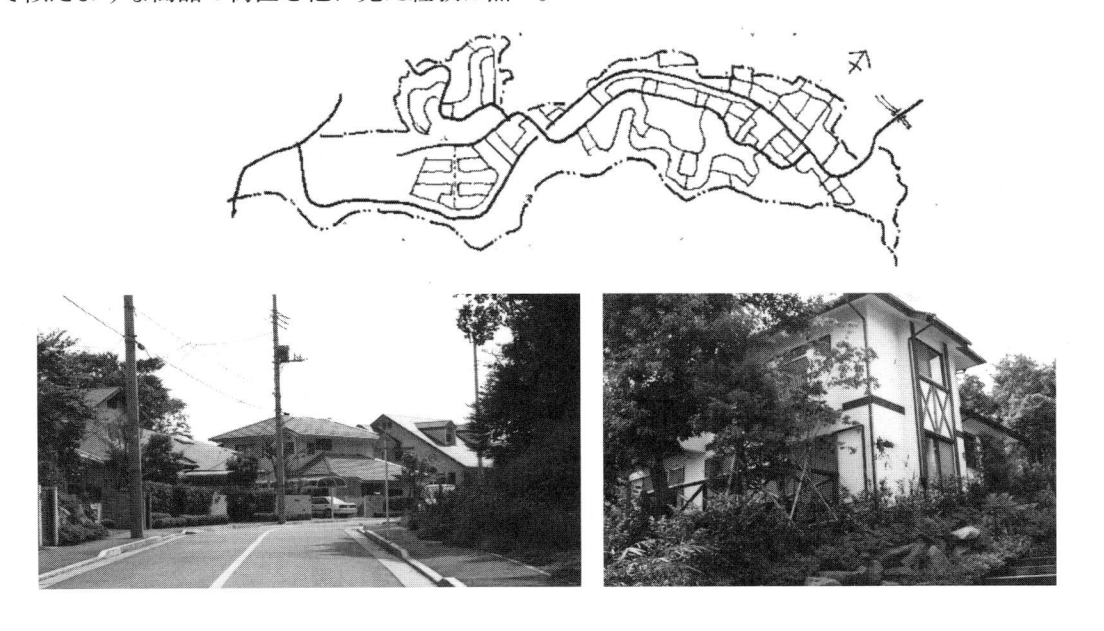

こま武蔵台（開発主体企業―東急不動産）

所在地	埼玉県日高市武蔵台
交　通	西武池袋線「高麗駅」徒歩
面　積	69ha
戸　数	1790戸
販　売	昭和51年（1976）分譲開始

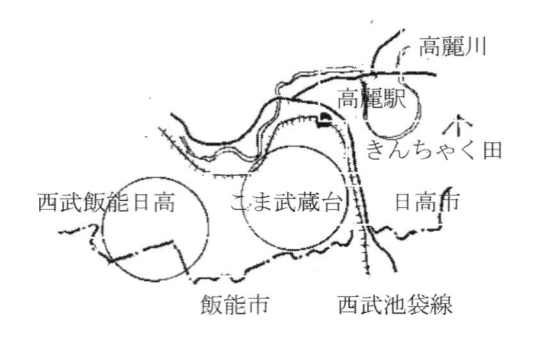

　当地区は、東京から50km圏の武蔵丘陵の高台であり、近年人気の観光レクリエーションスポットとなった高麗の巾着田の近くである。周辺にはゴルフ場、ハイキングコース、川遊び場が点在するレクリエーションエリアである。住宅地の開発地区としては限界地域といえる。

　用地買収は、昭和43年（1968）から始め、45年許認可をとり、造成を始め、昭和51年(1976)供給を開始する。開発に当たり問題になったのが上水道であった。上水量が不足し、東急や公団の開発を進めても上水の供給が不足することであった。このためダムの建設が図られた。設置場所が巾着田であった。しかし高麗は1,200年前高句麗からの渡来人が集まり開発されてきて歴史的、文化的重要な地域で、巾着田はそのシンボル的耕作地で、住民の猛烈な反対で中止する。予定していた予算を既存の浄水場の拡張、拡充に回し上水問題を解決し開発を可能にした。

　私も埼玉県に住み巾着田はたびたび訪れる。曼珠沙華、コスモスの頃は見事な風景を形成する。近くの日和田山に登れば緩やかな丘陵に囲まれた田園風景や町の集落が望める。この得難いおだやかな景観、風景を壊さなくて良かったと思う。

　地区は高麗駅から徒歩圏とはいえ駅と地区の高低差は大きく登り坂が続き、毎日の通勤は辛いものがあろう。地区内は高麗駅からの道路と数本の幹線道路で骨格が形成され、駅から上り詰めた地区北端にセンターゾーンが配置されている。東急ストアー、20の店舗、武蔵台病院、公民館、駐在所、公園などである。しかし個店の半分は閉鎖され、病院は移転で閉鎖されている。

　住宅地は、当初全てタウンハウス（連棟式住宅）で商品化しようとしていた。昭和50年（1975）住宅金融公庫が「公庫モデル団地分譲住宅貸付制度」（通称モデル団地）を創設した。これは2×4（ツーバイフォー）工法による連棟式住宅建設事業に対する建設費の貸し付けであった。東急もこの住宅形式を接地性、低廉な価格、土地効率、コミュニティー形成等の利点から評価し地区に採用した。

　戸建て、マンションに続き第3の住宅とも言われた時代の直前で東急は当地区で何故この住宅地形式で全てやろうとしたのかは不明である。結果一部の街区で実行する。分譲は3回に分け482戸の大量供給を進める。一般の戸建て宅地は平均200㎡であるが、タウンハウスは、専有宅地が85～135㎡、共有地（通路、ミニ公園）が戸当たり平均25㎡であった。戸当たり合計でも100～150㎡となり宅地の効率は良い。

　一般の戸建て住宅地は、年を経て緑は育ち潤いあふれ住宅地としての落ち着き、熟成感が感じられるが、40年近く経て現地を訪れると維持管理の点で、課題が見えてくる。

3章　主要な住宅地開発（1）

我孫子ビレジ（開発主体企業―東急不動産）

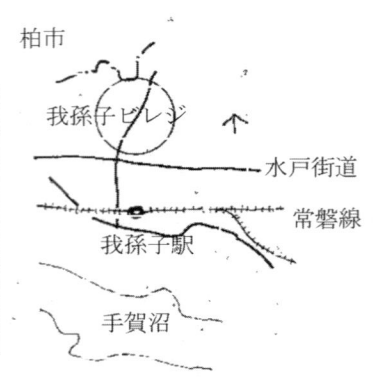

所在地	千葉県我孫子市つくし野
交　通	ＪＲ常磐線「あびこ駅」徒歩圏
面　積	41.6ha
戸　数	1960戸　内戸建て：966戸、マンション：20棟994戸
人　口	8000人
販　売	昭和51年（1976）分譲開始

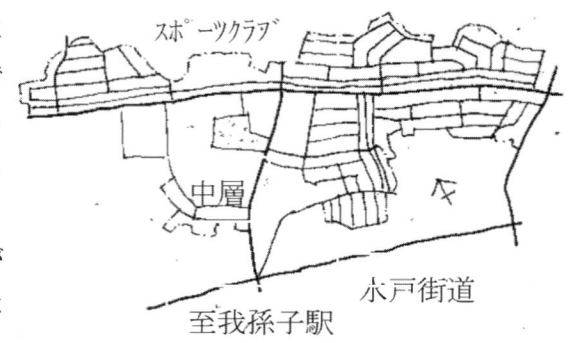

　東急不動産が神奈川方面から離れ、千葉方面に進出するスタートの開発であり、記念碑的開発である。そして東急不動産が親会社の東急電鉄から親離れし自立していくスタートといえる開発でもあった。

　昭和40年代東京の外縁部に人口の急増する波がくる。常磐線沿線の千葉県東葛地域にもその波は静かに迫ってきていた。人気度としては高くないが、昭和46年（1971）地下鉄千代田線が常磐線と直結し、通勤時間が都心部より1時間圏となったことで加速する。東急が用地取得に入るのも昭和43年で地下鉄の計画を聞いたからである。

　我孫子市は東京から30km圏で、利根川と手賀沼に挟まれた地域である。市域は広くはないが常磐線と成田線が中央部を通り、市内に駅が6つ有る。手賀沼は細長い形態で東西7km程あるが、我孫子市と柏市に挟まれ、池の中央に市境界がある。県立公園で、自然環境豊かな景勝地で、ほとりには古くから文化人に好まれ住居が有った。武者小路実篤、志賀直哉、柳宗悦、バーナード・リーチ、嘉納治五郎、柳田国男などの名前が見える。

　我孫子ビレジは、このような環境の地域で進められた東急不動産初の千葉県での大規模開発であった。我孫子駅の北側で、徒歩10分で地区の入り口に着く立地である。昭和43年（1968）から用地取得に入り昭和45年旧宅地造成事業法の認可を受け、計画を修正し昭和48年複合開発として計画内容を決定する。計画は、これまでの戸建て住宅だけではなく、当時事例の無い中高層住宅（マンション）ゾーンを配置した計画であった。マスタープランの中央部に取られているゾーンである。併せてセンターゾーンを設け、市役所、郵便局、銀行、東急ストアー、消防署、医院、幼稚園、スポーツクラブと充実した内容であった。これらのゾーンを中心に東西の両翼に戸建て街区が展開している。

　開発で最も難儀したのは、軟弱地盤の改良であった。土が大量の水を含んでいて、重みがかかると水を排出して沈下する性質であった。改良方法をいくつか検討し、盛り土をしてその重みで沈下させる緩速載荷工法を採用した。これは時間がかかるが大規模開発には向いているとのこと

で、結果 1000 日かかったとある。これは後に開発する柏ビレジにも役に立つ経験であった。当地区で試みたもう一つの試験的な試みが、中高層住宅の外装のカラープランニングであった。単調になりやすい外装を 9 色のバリエーションで塗り分け 20 棟の建物の独自性を表現した。これは日本でも初めての試みに近かった。

　また中高層住宅では、3LDK、24 坪と当時としては広く使いやすい間取りの商品設定をした。また地域一体がテレビ難視地域であったため東急としては初の共視聴アンテナの設置を取り入れた。販売は、我孫子の文化性から「北の鎌倉」、地下鉄の始発駅から「座って通勤」をキャッチコピーとして昭和 51 年（1976）より売り出した。マンションは 1 年で完売し、戸建ては、半期毎に 100～150 戸を供給して完売を続けた。

　我孫子ビレジは、東急不動産の多くの開発事例の中でも複合開発、コミュニティー形成、街並み形成等多数試みが行われたモニュメント（記念碑）と言われている。これは私が後東急の計画に関わるようになり、社内での話題や意見からも良く聞かれた。

　2 年前の東日本大震災で我孫子が液状化の問題が生じたが当地区での状況は掴んでいない。被害が無ければよいと思っている。

柏ビレジ（開発主体企業—東急不動産）

所在地	千葉県柏市大室、花野井
交　通	ＪＲ常磐線、千代田線「北柏駅」柏ビレジ行きバス10分
面　積	63ha
戸　数	1500戸
人　口	6000人
販　売	昭和55年（1980）分譲開始

　地区はＴＸ（つくばエクスプレス）が開通し「かしわ田中」駅からのほうが近く東京から30km圏の位置である。用地買収は、昭和47年（1972）からで前記の我孫子ビレジの5年後である。開発許可は、昭和52年（1977）、造成着手は、53年、第1期販売は、昭和55年（1980）で、100戸の建て売り分譲からスタートした。昭和57年には、まだ日本の計画的住宅地では採用されていなかった「土地賃借権付販売制度[53]」を導入する。

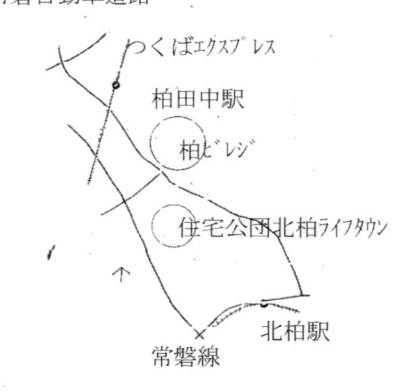

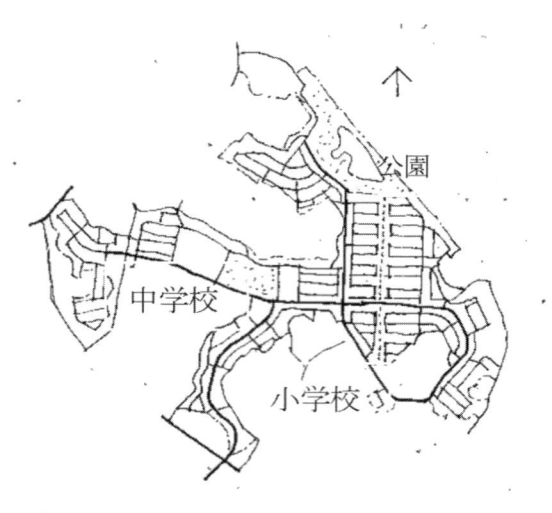

　地区は、利根川に近い低湿地で地盤が悪く、前述の我孫子ビレジ同様の改良工事を進める。90万m³の盛り土をしてバーチカル・ドレーン方式[54]で、水を吸い上げて地盤沈下の安定を図った。我孫子の経験が活かされていた。63haの48％に当たる30ha（30万㎡）が宅地、52％が道路、公園、施設である。地区内2ヶ所に近隣公園と自然風の遊水池を持った水辺公園がある。この水辺公園は、人工的に作ったとは思えない自然風味の景勝地で、千葉県の景観賞を受けている。また全体でも昭和57年に読売新聞、建設省、国土省、環境庁（当時）協賛の（財）都市緑化基金の第1回「緑の都市賞」を受けている。秋の風景は見事である。

　東急は、開発計画作成に当たり若手の先鋒的建築家宮脇檀[55]に依頼した。昭和40年代末の時点でこのような大規模戸建て住宅地のプランニングを建築家に依頼することはなかった。

　宮脇氏は、田舎のイメージが強かった柏の地域で『超地域性』というコンセプトを発想する。それまで住宅地のテーストは、地域になじむようにと考えることが多かった。それを『地域イメー

53　一般には50年の契約で期限が来た時に更地にして返還。毎月の土地貸借料はかかるが価格は安い。後に買い取り所有権も可。
54　水平に堆積した地層に排水溝を打ち込み、過剰な水圧を水平方向に散らす土木造成の工法。
55　1936年〜1998年　愛知県出身。建築家、まちづくりプランナー。4章昭和60年〜現在に詳細。

ジとは乖離する都市的イメージの自立した環境形成を成してしまおう』との発想であった。さらに具体的手法として『レンガとアイビー』という分かりやすく、イメージしやすく、都会的魅力を持ったコピーで顧客を引きつけた。一団の新しい環境を作ってしまおうとした。外構を伝統的な本物のレンガで統一し、道路のヒエラルキー（階層）に合わせ高さ、厚み、デザインを4段階に分けた。道路に沿って設けたグリーンベルトにアイビーを配した。統一外構、共通外構の本格的始まりである。工事の初期見学に訪れたが感銘を受けた覚えがある。門周りは、全てオリジナル製品で、特注品のパンチングメタルの門扉、門灯、ポスト、レンガで統一感が強調された街並み、オリジナルデザインの駐車場の屋根、建物の裏に置かれた物置と驚くばかりであった。高い擁壁の下部と笠木[56]にもレンガが敷かれている。―後年知る人の目線はエッジに向く―という今や誰も認識しているセオリーが既に意識され施行されていた。

全体計画では、1,500戸を1ブロック100戸程度で16ブロックに分け地区とし、さらに街路を挟んで15～20戸で街区とした。これも後年では当たり前の概念であるがここではすでに意識的・計画的に形成され、後のコミュニティー形成のベースとなった。また他地区でも少ない緑化協定を東急として初めて採用した。入居時に一律10万円を基金として受け、緑化や街並みの維持費とした。さらにユニークなことは、ＴＶ共視聴回路を使い、1ブロック4戸で共同防犯防災装置を結んだことである。向こう三軒両隣のコミュニティー形成を図った。ゴミ置き場を15～20戸単位で設け、ゴミ置き場の管理をグループ単位で行うようにした。宅地の面積は平均200㎡／戸(60坪)、建物面積は120㎡（36坪）と広く取った。昭和55年（1980）第1回分譲100戸販売された。地区の中央部にはショッピングセンター「アイビーモール」を設け、テニスコート2面、東急ストアー、銀行、16の個店舗が設置された。駅から離れた立地で買い物は不便であったため人気の高いセンターで、コミュニティーの核としてもにぎわった。

手元に当時の販売パンフレットがある。それまでの他地区、他社のものとは違い、洗練されている。変形サイズ、手書き風の図面、落ち着いたトーンの写真、図版の色味でまとめられている。宮脇氏の指導が入っていたのであろう。当時の客層は、近辺の顧客ではなく、海外居住経験者が多かったと聞く。海外での居住経験では日本に帰ってきて彼らのイメージに合う住宅地、住宅が手に入らず迷っていたという。まだまだアメリカンドリームの名残がする時代であった。1戸建て住宅への憧れの時代であった。また後年入居した人の中で、子供が成長し高校受験をするころ、柏には良い高校（高進学率）が無く他へ転出した人がかなりいたとも聞いた。今はレベルも上がりそんなことも無いが当時の柏に対する評価の一つである。

最近、地区の近在で開発の仕事があり何度か訪れる機会があった。第1期販売から約30年経ち、レンガも程良く風化し、緑の手入れも良く、水辺公園はさらに自然風味が増し街は熟成してきている。コミュニティー活動は当初より盛んで、古いパンフにも各種趣味の会などの活動写真が載っている。現在も盛んに交流していると聞く。

56　塀や花壇の土留め等の上の部分のこと

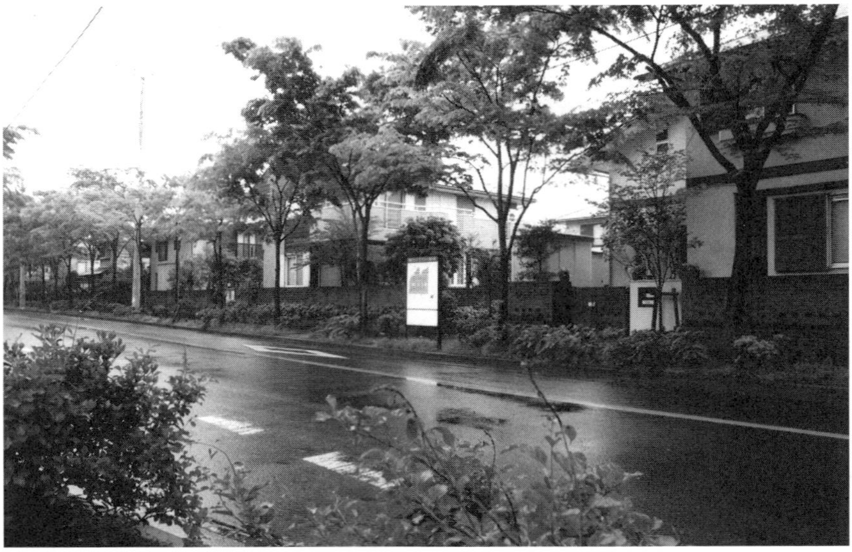

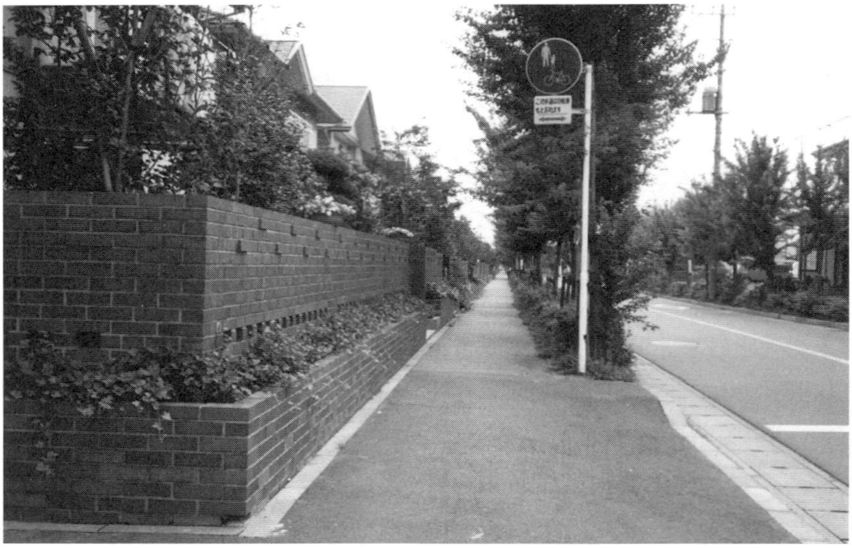

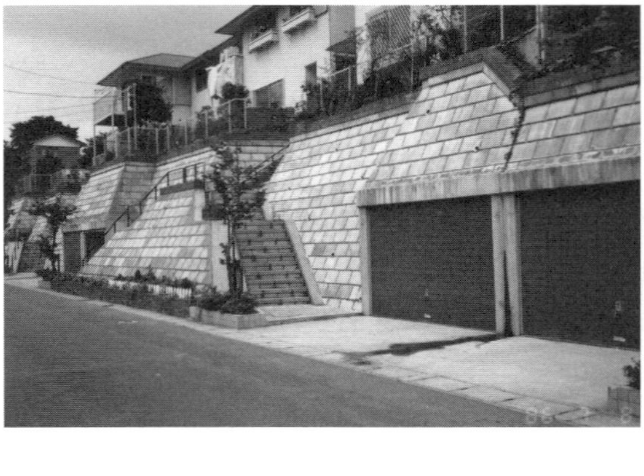

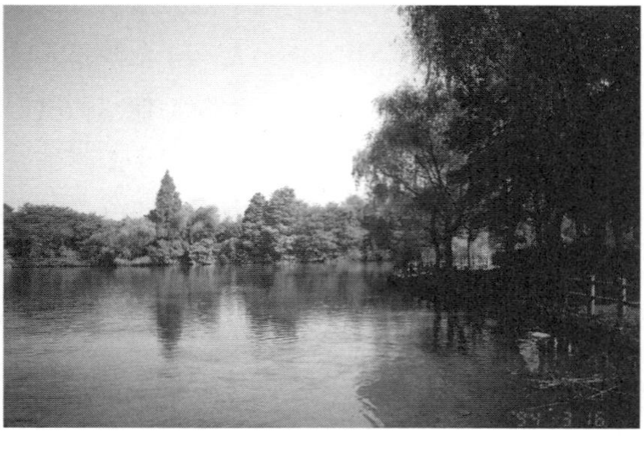

3章 主要な住宅地開発（1）

緑園都市（開発主体企業—相模鉄道）

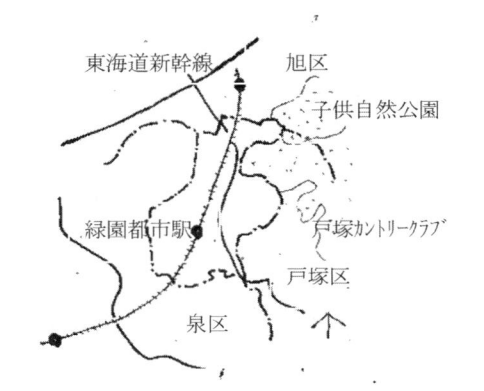

所在地	神奈川県横浜市泉区
交　通	相模鉄道いずみ野線「緑園都市駅」徒歩圏
面　積	122ha
戸　数	4738戸
販　売	昭和61年（1986）

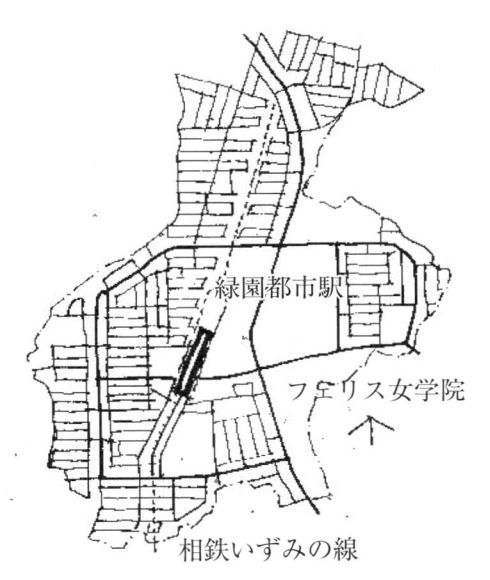

　当地区は区画整理事業で開発され、相模鉄道が事業代行者として主たる事業の開発に当たった。その後三井不動産等も参画し販売を行った。

　相鉄の最近の住宅地開発話は聞かないが近年の開発事例では平成13年（2001）の「早川城山」であろう。緑園都市はその後の大型開発で、相鉄の住宅地開発では最も大規模でかつ代表する住宅地となっている。相鉄でも最も工夫をし、力を入れた開発と言える。

　緑園都市は、横浜から17分、品川へ34分、東京へ45分で至る時間距離である。東京から35km圏に位置している。いずみ野線には5つの駅があり、各駅周辺に相鉄は住宅地開発を展開していく。昭和32年（1957）万騎ヶ原（鉄道開通前）、昭和52年（1977）いずみ野とひなた山、昭和57年（1982）弥生台など7ヶ所である。住宅地の中央部に駅が位置し、駅前住宅地を形成している。鉄道延伸と住宅地開発をセットで進めた総合的地域開発である。緑園都市駅は鉄道の開通と同年の昭和51年（1976）に開業している。鉄道は地区の中央部を南北に縦貫していて駅の前後以外は地下に通っている。また地区の北側には横浜市のこども自然公園が接している。この公園は、昭和47年（1972）に開園した46haの大規模な公園で、大きな池を中心に自然を活かした公園で大池公園とも呼ばれている。駐車場なども完備し万騎ヶ原と緑園都市の住民にとっては日常的に活用できるレクリエーション施設といえる。また西側には、戸塚ＣＣ、横浜ＣＣが展開し、ゴルフ好きな住民にとっては魅力的立地といえる。

　マスタープランでは、高規格、広幅員の都市計画道路（緑園大通）が地区の南北に縦貫し、北の万騎ヶ原、二俣川方面に至り、南は横須賀線、国道1号方面に至る。地下を通る鉄道敷きの上部には長さ約1km、幅12mの歩行者専用道路（四季の道・緑道）が設置されている。この緑道沿いの街並み形成には充分な配慮がされている。敷地や建物も大きめで、デザイン、仕様にも差をつけている。まさに街の顔となる景観街区の形成を図っている。幅12mの1/3が歩路で両側

— 103 —

に緑地帯を設け、潤いと安心感のある歩行者空間でありコミュニティー空間となっている。朝夕の通勤、通学時の賑わいが想像できる。

　道路は、緑園大通を軸に幅11mの地区内幹線道路が大きなループ状にサービスしている。この幹線道路からいくつかのブロックに結ばれているが結節点を絞っているのが分かる。区画道路と同幅員であるがコレクティブ道路（集約道路）を設けている。公園は、いくつかに分けられるブロック（住区・街区の集まり）に1ヶ所児童公園（街区公園）を設け身近で安全性を図った公園配置計画となっている。また地区の南側には、大きな子易川遊水地が設けられているが日常的には水は無く、野球場2面、テニスコート数面が設けられ公園的利用を図っている。

　販売パンフレットに記されているまちづくりのコンセプトには、街全体をひとつのホテルに見立て、「会員制高級リゾートホテル」をイメージコンセプトにしたとある。そのために、駅と周辺をホテルのフロントとロビー施設は顧客へのサービス、インフォメーション機能とし、住宅地では生活サポート機能となる考え方である。

　これは街全体に緑に包まれた美しい風景と日常を忘れさせてくれる楽しい施設の設置を具体的なテーマとしている。確かに街並みは、統一された外観でまとめられ質の高さが感じられ、生け垣や庭木やシンボルツリーが時を経て茂り潤いあふれる住環境を形成している。コンセプトに恥じない街づくりが成されたといえる。また地区は戸建て住宅だけではなく、駅の近くに中高層のマンション群が広く取られ、都市性と豊かなオープンスペースが森を形成し地区の中庭的空間を形成している。

　地区の商品化で特筆すべきは、緑園都市コミュニティー協会（ＲＣＡ）の設立であろう。これは住民と相鉄により構成され、環境の保全、公園やクラブハウスの維持管理運営及び防犯、防災対応を担ったシステムであり組織で、各戸が総合管理センターに結ばれ、110番、119番、ガス会社、電気会社と連動したホームセキュリティーシステムとなっている。安心、安全を備えたシステムである。このシステムは地区を売り出す昭和61年から稼動している。

　20年ぶりに最近の緑園都市を訪れたが、街は完成し、熟成期に入った感がある。中高層住宅地は完成し、緑が豊かに茂り、商業施設は活気を帯びている。

　平成9年（1997）建築家原広司[57]氏の設計で相鉄の美術館「相鉄ギャラリー」が完成。フェリス女学院があって、駅前には女学生の姿が目立つ。街の中は緑が育ち夏の日差しを浴びてきらきら光っていた。相鉄の代表的住宅地となっていた。

57　1936年～　長野県出身。建築家。

3章　主要な住宅地開発（1）

タウンハウス

　昭和50年代の約10年間に戸建て住宅、マンションに継ぐ第3の住宅として脚光を浴びた「タウンハウス」という住宅形式が供給された。全国で大量に供給されたがその総量は確認できない。熊本、関西、首都圏でその事例が見られる。しかし50年代の末にほぼ消えていくため、住宅地計画の中に記録しておくべきだろうと考えた。現在でもタウンハウスの名称で商品化され供給されているものがあるが当時の商品とはいささか異なる。

タウンハウスの生まれた時代的状況

　昭和49年（1974）ツーバイフォー工法（2×4工法・枠組壁工法）が認定された。いわゆるオープン化である。その1ヶ月後、住宅金融公庫においても取り扱うようになる。オープン化との連動で事前に準備しての認定である。公庫は、翌年「モデル団地分譲住宅建設資金貸付制度」を創設する。この制度は、一般戸建て住宅向けではなく、あくまでタウンハウス住宅向けの制度であった。通称「モデル団地」と言われた制度である。主旨は、「団地建設に伴う新しい技術開発を促進し、居住性や生産性等の向上を図ると共に、将来の団地建設技術の多様化と近代化に資することを目的として、当面は枠組壁工法、タウンハウス団地建設を目標とする」とある。モデル団地の基準としては、

・戸数が概ね50戸以上の集団をもって形成されるもの

・枠組壁工法による原則として連接建ての住宅で形成されるもの

・共同の庭等として共有敷地が敷地面積の10％以上確保されているもの

　と記されている。数年後、三層タウンハウスや賃貸用もこの制度の範囲に組み込まれていく。この公庫のモデル団地事業制度がタウンハウス供給の大きなテコとなった。

　タウンハウスという名称はいつ、誰が付けたのかは不明である。関西から始まったとも言われている。私が昭和40年代大阪に在住していたとき、神戸市からの委託で西神ニュータウンの計画に参加した。20代の若い頃で、そのとき先輩達が議論していたのがタウンハウスやコモンスペースであった。イギリスで、富裕層の邸宅に対し、労働者の住宅をローハウス、タウンハウス、テラスハウスという連棟式住宅を呼んでいた。簡単に言えば長屋である。長屋ならば日本でも古くからあり珍しくもない形式である。現在でも大阪には伝統的に多く、安藤忠雄[58]氏の建築でも名高い。イギリスではデタッチメントハウスという2戸1棟建ての住宅形式に人気がある。レッチワース[59]などの有名な住宅地にはやたらと多い。このイギリス等の住宅形式が北米に渡り、ツーバイフォーと結ばれ北米形式のタウンハウスができ、日本に輸入された。

　それが今回紹介する昭和50年代に花開き消えていったタウンハウスである。昭和40年代東京の住宅地は郊外へ延び、「遠くて高い」でユーザーも手に入りにくくなってきた。また戸建て住宅地におけるコミュニティー形成が課題となっていた。こんな状況下で北米のタウンハウスは、

58　1941年〜　大阪府出身。日本を代表する建築家。
59　ロンドンから55kmの郊外にあるエベネザー・ハワードの田園都市。

合理的で効率よくコミュニティー形成が高いとの評価を受け、戸建て住宅は無理だが、マンションでは接地性がなく生活基盤としては物足りないとの希求性がタウンハウスに求めた背景であった。価格も戸建てとマンションの中間で、戸建ての80％とも言われた。

タウンハウスの特長

　タウンハウスの特長は、先の公庫基準にも示した共有地の存在である。専有の権利敷地と共有の権利敷地により構成されている。連棟式とはいえ隣地との境界壁はダブルで、各住戸の壁と壁の間には数センチの隙間がある。マンションや公団のテラスハウスのように壁が1枚で、その芯を境にはしていない構造である。登記上はこの壁間に境界線が引かれている。外観からは分からないが敷地を見ると境界のマークが入っている。

　各戸専用庭が設けられ、玄関側にはフロントヤードがある。この住宅は建ぺい部分（建物の建っている部分）と専用庭とフロントヤード部（玄関ポーチなど）が併せて専有の権利面積となる。

　共有地は、集合駐車場、建物前の通路、ミニ植栽地、建物で囲まれたインナー型広場、周辺の緑地、法面、ゴミ置き場、集会所、遊水池、汚水処理場などである。全ての地区に共通する区分や権利形態ではないがこれらの用地を総称してコモンスペースとも言う。このコモンを共有し、維持管理するために管理組合が設置される。管理上はマンションと同じで専有部分が住戸で通路が廊下である。法的には区分所有法、管理組合には規約があり、管理費が集められる。所有者全員の参加が義務である。このため建物形態は接地型で戸建て風であるが居住形態はマンションと言える。

　東急不動産の大宮プラザ、こま武蔵台、西武不動産の鷹取台とマボリシーハイツにも建設された。鷹取台のタウンハウスは、昭和44年（1969）、大宮プラザは、昭和46年、マボリシーハイツは、昭和48年、こま武蔵台は昭和51年頃の販売である。西武は鷹取もマボリも当時のパンフレットにはまだタウンハウスとは明示しておらずテラスハウスとしている。タウンハウスと明示しているのは東急の大宮である。これ故か東急は日本で初めてのタウンハウスを供給したデベロッパーであると言われている。もっともこれらの地区は公庫のモデル団地制度は利用していない。東急も西武もこれ以降タウンハウスは建設していない。

　私は昭和56年から東急不動産の開発に参加してきたが、タウンハウスは問題であるとの認識で継続はなかった。しかし、当時の動向の中で無視もできず可能性の検討をすべく研究会が作られた。そのときにまとめられたレポートが今も手元に在る。昭和57年（1982年）である。1年間調査研究したが実行はされなかった。

タウンハウスの問題

　公庫モデルのタウンハウスが世の中に相当数供給されたが、東急も西武もその後の問題点を既に読んでいたのであろうか。

　ツーバイフォーは、耐火性能に優れているとはいえやはり木造で、劣化が目立つ。また壁が独立しているとはいえ個別の建て替えは困難である。事例はあるというが見たことはない。

　さらに50年代の終わり頃に問題にされた中古市場での評価の低さであった。購入の理由としては、1戸建てでは高く、マンションでは物足りないがタウンハウスなら庭が付き、価格も手ご

ろで、コミュニティー活動も楽しそうと判断した。事業者もこれが"売り""魅力"であった。各社各様ランドプランや住戸プランに工夫を加え、魅力化を図り、欧米型の住環境、住戸を創設し人気を集めた。しかし第3の住宅としては世の市場に認知されなかったと言える。私の知人があるタウンハウスに数倍の倍率を超えて喜んで入居したが5年ほどで転売し転居するときに、なかなか売れず難儀し、引っ越すときに「逃げるんですか」と言われ苦い思いをしたと聞く。

　2つの事例地区を訪れた。京急興業（現京急不動産）の港南台と行徳である。2地区とも30年の時を経ている。

　コモンスペースは緑が豊かに繁り緑地らしさが形成されている。建物は手入れが良く維持されている。これは公庫のモデル団地で、管理組合があり共同の維持が継続され外壁の塗り直しなども定期的に行われているのであろう。増改築なども見られず、建設時の街並みを維持している。これも管理規約で守られているためであろう。一方西武、東急の事例では、増改築が見られる。これらの違いは単に管理組合と規則の問題だけではなく、住民の意識の継続、継承が左右する場合が多いようである。当初は魅力とした住環境も、生活が始まると管理組合の活動も煩わしくなり近所の目もうるさく感じたかもしれない。また住戸面積が20坪程度でやはり戸建て住戸の面積、間取りには及ばずむしろマンションのそれに近く狭苦しさを感じることもあったかもしれない。イギリスや北米のタウンハウスやテラスハウスの様なデザインやランドプランで作られているとはいえ、規模や環境の違いは大きい。やはり日本ではいささか無理があったかもしれない。

港南ファミリオ（開発主体企業―京急不動産）

所在地	神奈川県横浜市港南区3丁目
交　通	当時JR横須賀線「戸塚駅」バス 現在横浜市営地下鉄「下永谷駅」バス
面　積	9353㎡（187㎡/戸）
戸　数	15棟、50戸
販　売	昭和51年（1976）

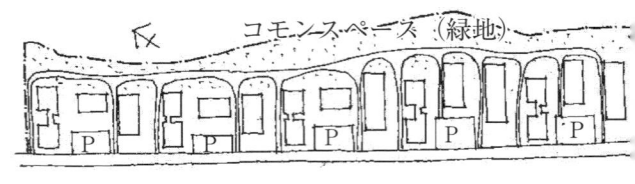

　港南台という大規模住宅地開発地の中である。販売当時横浜市営地下鉄は無くJR戸塚駅からバス便であった。地下鉄下永谷駅からもバス便である。地区は団地内に一部残された緑地に面し細長く設けられ、共有の緑地としている。街の形態、仕様、仕上げは当時と全く変わってはいない。約30年経ち荒れているかと思ったが外壁の塗り直し、柱型の補修などの良く手入れがなされていて印象は良く何故かほっとした。緑地も繁り枯れた感じ荒れた雰囲気はなく、管理組合の活動も充実しているようである。販売は数倍の倍率でにぎわっていたのを思い出す。京急の担当者も首都圏では初のモデル団地ということで意気が高かった。コミュニティー活動は盛んで日曜日はコモンスペースの手入れに借りだされていた。後日、隣地の一般的戸建て住宅の値上がりとこのタウンハウスに大きな差が出来、住民はあわてたともいう。

行徳ファミリオ（開発主体企業—京急不動産）

所在地	千葉県市川市幸2丁目
交　通	地下鉄東西線「行徳駅」徒歩15分
面　積	3380㎡（89㎡/戸）
戸　数	8棟、38戸
販　売	昭和53年（1978）

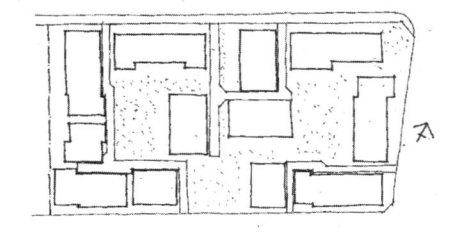

　東西線の行徳から徒歩15分ほど海に向かって歩く。地域は平坦で、戸建てとマンションが混在した住宅地で、区画整理で形成された地域である。地区は正形な敷地で二方を幹線道路に面し、一方が6mの区画道路で片方は隣地である。100％近い高密度で建てられている。高密度接地型低層集合住宅である。3つのコモンスペース（小公園風）を囲んで住棟が配置されている。このコモンに1mの歩路が数ヶ所から通り、一部は建物の下をトンネル状に通っている。外部からは入りにくくまさにプライベート空間と言える。できた当時は絵に描いたようなコミュニティーの展開がこのコモンスペースで行われていたことが創造できる。数人の子供が遊んでいた。

　建物は、各戸1階にインナーカーポートが設けられ集合駐車場ではなかった。しかしカーポートも車体全部は入らなく、天井高がセダンの高さぎりぎりであった。ワンボックスカーは入らない。これも時代である。建物の外壁と廻りの仕様は痛んでいる状況は見えない。補修が行き届いている。ここの特長と言えるマンサード屋根[60]も懐かしく感じた。

60　mansard roof　17世紀フランスの建築家フランソワ・マンサールの考案した寄棟2段勾配屋根。屋根裏部屋が大きくとれる。

浦安パークシティⅢ期（開発主体企業―三井不動産）

所 在 地	千葉県浦安市弁天6丁目
交　　通	地下鉄東西線「浦安駅」バス11分
面　　積	7267㎡
戸　　数	12棟、48戸
販　　売	昭和54年（1979）

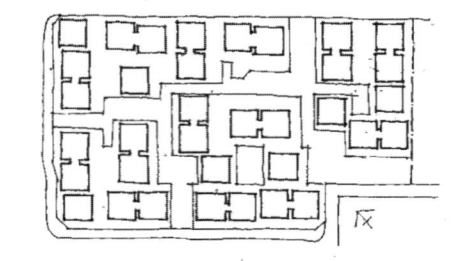

　三井不動産は、昭和53年（1978）住宅第3事業部を発足させ本格的にタウンハウス建設に取り組む姿勢を示した。昭和49年（1974）にツーバイフォー工法住宅のハウスメーカー三井ホームを設立していた。浦安で進めていた埋め立て事業と住宅地建設であり、そのなかにタウンハウスを建設した。建蔽率は40％に押さえ平均98㎡の延べ床面積の建物を配し、各戸には20㎡の専用庭を設け、雁行型[61]の建物配置で駐車場や広場を囲んだ空間形成を図った。先進的プランであった。パンフレットには住みよい居住環境と土地の有効利用の追求とうたっている。同年大阪のサニータウン長野台でも14,500㎡、27棟、70戸を供給している。斜面を利用したユニークなプランである。

　上記と同様浦安市入船町でⅢ期の計画が進められた。ツーバイフォー工法による3階建て住宅であった。昭和56年には日本で始めて3階建て住宅の火災実験を浦安で行う。私もパークシティⅢ期のランドプランに関与していたため実験は目の前で見た。実験結果は良好で、3階に居た人が逃げられるかどうかであった。避難のために3層部は、1部屋で屋根裏的仕様のバルコニーを設け、隣に避難できるようにしていた。始めはディズニーランドのアメリカの従業員用住宅として考えていたが後に分譲した。

　日本で初めてで最後の3階建てタウンハウスとなった。

コトー金沢八景（開発主体企業―デベロッパー三信）

所 在 地	横浜市金沢区六浦町大道
交　　通	京浜急行「六浦駅」徒歩13分
面　　積	4220㎡（156㎡/戸）
戸　　数	9棟、27戸
販　　売	昭和55年（1980）

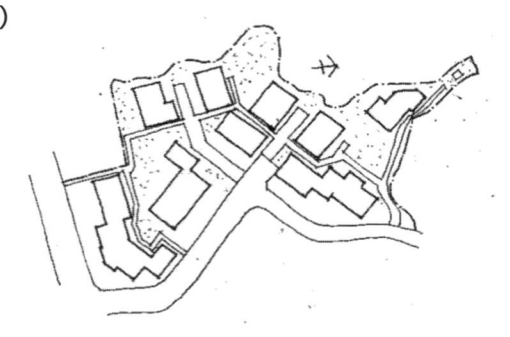

　この地区は私の事務所（当時イカリ設計）で計画、設計、管理の業務に参画した。地区は高台に開発された1,500戸の住宅地内で駅からは坂道を登る。住宅地の端部で見晴らしは良い立地で

61　雁が群れで飛ぶときに少しずつずれている形から建物を同様にずらしていく方法。

ある。開発の際、縁辺部に残されたところで地型は変形している。金融公庫の調査部に通い条件を煮詰め、横浜市役所には建築基準法88条の一団地認定を受ける交渉に通った。公庫の部長を同伴し市役所に出向いたがついに一団地の認定はかなわなかった。ツーバイフォー工法はいかに耐火性能が高いとはいえ木造であるとの認識を変えてもらえなかった。

　このため敷地は1敷地1棟に区分しなければならなくなった。道路からの延長距離と巾で敷地延長を棟別に区分した。この計算が大変で当時の所員が遅くまで苦労した。区分された敷地で容積、建ペイ、斜線を満足させるが余裕の無い計画内容であった。延長した敷地の土地利用は自由でここに駐車場や通路を設けた。コモンスペースも3ヶ所分散型で設け、囲み型の建物配置で住環境を形成した。その後の維持管理の状況が気になる。

竜ヶ崎ニュータウン（開発主体企業—宅地開発公団、積水ハウス・ミサワホーム・三井不動産）

所在地	茨城県龍ヶ崎市竜ヶ崎ニュータウン
面　積	19086㎡（170㎡/戸）
戸　数	96戸
販　売	昭和55年（1980）

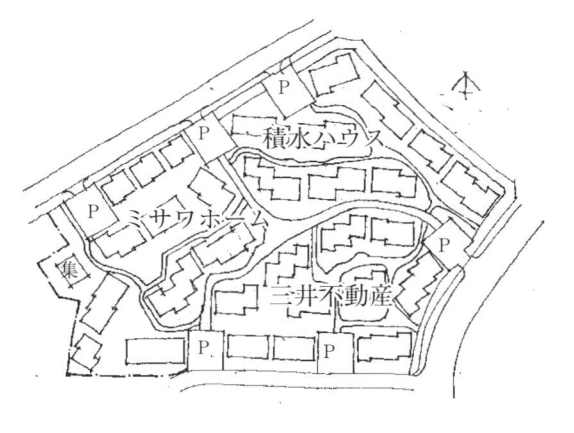

　宅地開発公団は昭和50年（1975）国民に低廉で良質な宅地供給をするべく設立された。首都圏では、厚木森の里、竜ヶ崎ニュータウン、千葉ニュータウン、などを手がけていた。竜ヶ崎ニュータウンの開発計画に参加していたとき、公団でもタウンハウスをやってみようということになった。公団は土地、民間3社が建物、外構、販売を担う共同分譲方式での供給であった。6ヶ所の集合駐車場を設け、6m幅のT字型の緑道で3つのブロックにほぼ均等に分けた。建物は3社で全く異質なデザインとはならず比較的似たようなものになった。現在訪れても空間に余裕があるせいか、敷地がまとまり、変化があるせいかボリューム感のある一団の住宅地を形成している。3本の緑道とその交点の広場の緑は良く繁り住環境の質を高めている。維持管理も良くほっとする。宅地開発公団は後には住宅公団と合併し住宅都市開発公団となるが、公団の団地で木造住宅のタウンハウスはここだけかもしれない。

ライブタウン浜田山（開発主体企業―藤和不動産）

所在地	東京都杉並区浜田山3丁目
交　通	京王井の頭線「浜田山駅」徒歩
面　積	8140㎡ 95㎡／戸
戸　数	15棟、86戸
販　売	昭和52年（1977）

　昭和50年代の初頭、藤和不動産はユニークな商品をいくつか供給していた。その中の1つが浜田山である。駅からくる道路沿いに商店街を並ばせた。ここも地区の一部で店舗付き住宅が並び浜田山駅からのにぎわいを引いている。地区内は、6mの地区内道路を軸に3ブロックに分かれている。各ブロックは緑地広場状の空間を住棟が囲みアメニティを高めている。住棟は3層で、1階が接地型フラットで2階、3階がメゾネット[62]になっている。2階には外の専用階段で上がる。メゾネットタイプは2階が玄関、リビングで大きなテラスと木の枠が設けられリッチな外部空間を提供している。建物はRC造で、外壁は茶系のレンガタイルで統一され一部の白い壁がアクセントとなりヨーロッパ調の街並み景観を構成している。

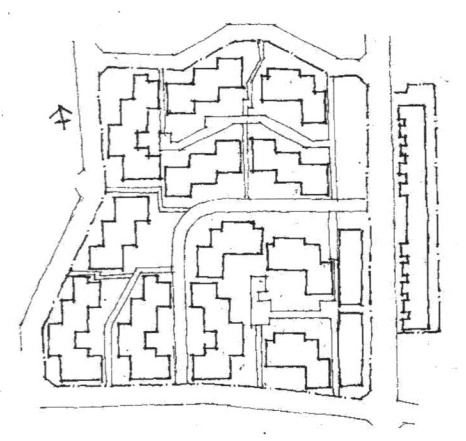

　この住宅地は、3層の低層住宅で、接地、準接地型住宅で構成され質の高いタウンハウスの1つである。公庫モデル団地とは違う都市型のモデルとなる住宅形式である。

　他の事例

狛江タウンハウス　三井不動産
　狛江市岩戸南町、公庫モデル団地、昭和56年（1981）

　3,253㎡／敷地、ツーバイフォー工法、2階、7棟、23戸

ガーデンタウン南桜井　中央商事
　埼玉県庄和町（現春日部市）、公庫モデル団地、昭和53年（1978）

　19,000㎡／敷地、ツーバイフォー工法、2階、22棟、85戸

稲毛グリーンヒル　東洋エステート
　千葉市黒砂、公庫モデル団地、昭和58年（1983）

　6,000㎡／敷地、ツーバイフォー工法、10棟、42戸

62　Maisonette　住戸内が2層になっていて、住戸内に階段があり、一戸建てのような感覚を味わうことができる集合住宅。

4章　主要な住宅地開発（2）
　　―昭和60年～現在―

宮脇檀（宮脇檀建築研究室）の仕事

　住宅地の供給事業は、昭和60年（1985）頃、画一的大量供給からより工夫された魅力的な住環境の創造を図った計画が現れてきた。各社、各地区で特長や工夫を加えた魅力的かつ差別化戦略を図った事業が展開してきた。その先鞭をきり、先進的発想、思想、理念で次々に世に問う住宅地を計画してきたのが宮脇 檀（まゆみ）氏（宮脇檀建築研究室）（以下宮脇、敬称略）である。

　宮脇は昭和11年（1936）名古屋に生まれ、芸大、東大を経て建築設計事務所をスタートさせる。当初は住宅建築の設計で脚光を浴びる。昭和55年代半ばごろから住宅地の計画を手がける。平成10年（1998）喉頭ガンで死去するまで約20年間先進的住空間の創造を多数世に送り出す。

　私は会議などで見かけたことは何度もあるが残念ながら親しく話す機会は無かった。しかしプランニング手法での影響は大きかった。死去の報も偶然ロンドンでニュータウンを視察しているときに同行の大川陸氏から伺った。まだ還暦を過ぎて間もない歳であった。新聞の紹介覧には住宅建築の実績は出ていたが街づくりの記載は無かった。

　今でもデベロッパー、ハウスメーカーなどの担当者は参考事例視察のメニューには必ず入っている。基盤は公的機関でも発注は、殆どが民間であり、紹介しなければいけないという事例である。

　宮脇の計画した2地区「高幡鹿島台ガーデン54」と「フォレステージ高幡鹿島台」を紹介するが以下に全国での実績を記しておく。

　柏ビレジ：柏市、昭和52年（1977）開発許可
　高須ボンエルフ：北九州市、昭和57年（1982）
　コモンシティ船橋：船橋市、昭和58年（1983）
　コモンシティ安行：川口市、昭和58年（1983）
　明野ボンエルフ：大分市、昭和61年（1986）
　あすみが丘プレステージ第1期：千葉市、昭和62年（1987）
　前沢パークタウン：黒部市、昭和63年（1988）
　シーサイドももち第1期：福岡市、昭和63年（1988）
　グリーンテラス城山：小牧市、昭和64年・平成1年（1989）
　六甲アイランドウエストコート5番街：神戸市、平成2年（1990）
　つくば二宮：つくば市、平成2年（1990）
　青葉台ボンエルフ：北九州市、平成4年（1992）
　諏訪野：福島県伊達町、平成7年（1995）

高幡鹿島台ガーデン54（開発主体企業―鹿島建設）

所在地	東京都日野市南平
交　通	京王線「高幡不動駅」徒歩15分
面　積	2.2ha
戸　数	54戸
販　売	昭和59年（1984）販売開始

　当地区は、東京都日野市南平の鹿島建設の社宅跡に建設された先進的住宅地である。標高120mの高台で、眼下に八王子市街、多摩川の支流浅川が望める眺望の良い立地である。交通は、京王線「高幡不動駅」から徒歩15分ほどで、バス便は無く駅から地区までほぼ坂道が続くアプローチである。地区のボリュームはコンパクトである。開発面積は、約2.2ha、戸数54戸の街である。

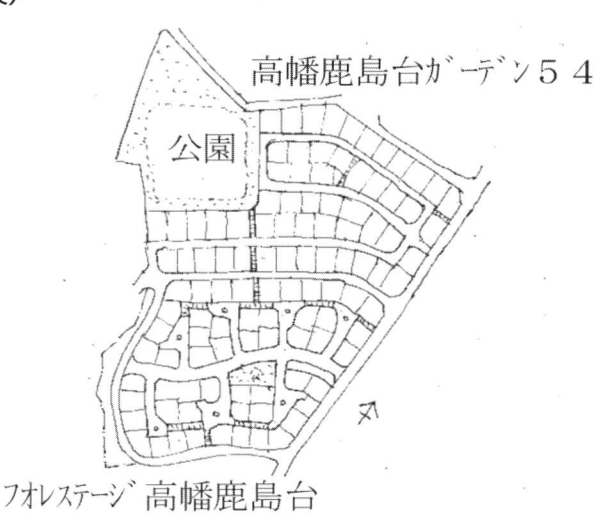

　事業者は鹿島建設で昭和57年（1982）計画、設計全般を宮脇に委託する。竣工、第1期販売は昭和59年（1984）である。宮脇は、北九州市などで先進的住宅地計画を完成させて、さらにより理想的住宅地づくりに意欲を燃やしていた。鹿島の意を受けて、鹿島の担当者と意気投合し社内、関連行政への熱心な説得、説明、折衝を続ける。地元日野市との折衝はだいぶ難航したようであるが、東京都多摩西部建築指導事務所の担当者や鹿島社内の理解と支持を得て計画は進められていく。結果何点かは実現できなかったこともあるようだが、現在見られるような先進的形態の街ができあがる。私も長い間住宅地の計画に携わってきたが、現在みてもよくまあやり抜いたなとの感がする。

　マスタープランでは、地区への出入り数ヶ所を絞り、地区内にループ状道路を回し、宅地へのアプローチは地区内道路からとしている。道路の仕上げ仕様はボンエルフ[63]思想で施し、車と人の共生、街並み景観形成、コミュニティー形成などの住宅地に望まれるあり方を具現化している。「道並み景観」という言葉が言われ始めたときである。今では当たり前になった道を単なる機能として捉えるのではなく、街の重要な空間として活かしていく発想である。行政の道路担当、特に管理担当の最も敬遠する仕様である。特に外部との出入り口の道路には、両側に高木が列に植えられ車のすれ違いは出来にくい。現地で見ていてもお互いに一方が通過するまで待っている。自然に出来たルールで、まさにボンエルフの思想の原点である。

　地区の西端部に設けられた公園を「原っぱ」と呼び、裸土の広場を植栽で囲んだだけのまさに原っぱである。大変見晴らしの良い場所である。眺望という点では地区内での一等地と言える。

63　woonerf オランダ語で「生活の庭」。生活道路において、車道を蛇行させるなどして自動車の速度を下げさせ、歩行者との共存を図ろうとする道路のこと。

約5,000㎡、約20％近い面積を取っている。公園は、何かと手を加え、いじり回し人工的仕上げ仕様を施しがちになるが、それも無く見事である。公園も道路もさらに道路脇のポケットパークもフットパス[64]も市に移管している。但し、ポケットパークは道路課、原っぱは生活課の管理となった。折衝の状況が目に浮かぶ。

地区には、地区計画が設定されている。建築協定と違う重い約束である。敷地分割を防ぐため最低敷地面積を180㎡（54.5坪）、壁面後退位置1m、建物高さ制限9m、外構仕様は生け垣と可視可能なフェンス、屋根は勾配5寸と無彩色などがある。また販売は、建て売りでは価格が上がりすぎて売れないであろうと売り立て方式とする。宮脇は街並みを全てコントロールするため、建物の基本設計を作成し、顧客と話し合いながら進めるとの条件、工事は積水ハウスと三井ホームのみとする、土地の売買契約から3ヶ月以内に建物の施工請負契約を結ぶこと等の建築条件を提案し鹿島は採用する。第1期を売り出すが殆ど売れなかった。駅からのアプローチが敬遠されたが、やはり建築条件が厳しすぎたからである。昭和59年条件をゆるめ再度売り出す。ちょうど都心部で地価が高騰し、郊外地にもその波が押し寄せ追い風となり昭和60年内にほぼ売り切った。宮脇は「もう1年タイミングが遅れていたら当初の建築条件で売れ、ほぼ完璧なまちづくりが可能であったのに」と嘆いたと言う。

宮脇は、当地区の計画に先立つ昭和57年（1982）に北九州市で「高須ボンエルフ」を、住宅地計画の歴史に残る先進的住宅地を完成させている。これは日本初のコモン型住宅地で、タウンハウスの理論からコモンスペース（共有地、共同管理の空間）の考え方を1戸建て住宅地に取り入れた先駆けと言える。

私は、建築科の出ではあるが、建築設計の実務経験は極めて薄く、都市計画、造園系の畑から住宅地のプランナーの仕事に入った。いわばスケールダウンしたと言える。宮脇は建築のそれも住宅建築の設計から集住地としての1戸建て住宅地の企画、計画、設計に参画する。スケールアップと言える。このためか長い間同様の業務に就きながら全く違う街が出来る。むろん宮脇と比較など出来ないが、大きく違うのはディテールへのこだわりと実現性で、完成度が高い街とも言える。また発注者や行政体への説明、折衝能力なども全く違い宮脇の仕事は建築的とも言える。まさに絵になる街で、作品的とも言える。

地区の現場には何度か足を運んだが、当初はコンクリートの擁壁や共通外構の門、ゲートが目立ち人工的かつ無機質感が強くなじめない街であった。しかし全宅地に家が建ち、外構が整い、緑が育つと大きく変貌してきた。販売当初のセピヤ色の渋いパンフレットに載る街並みイメージがスケッチのとおりになっていた。

---

64 歩行者専用路。イギリス発祥の「歩くことを楽しむための道」が由来。

4章　主要な住宅地開発（2）

フォレステージ高幡鹿島台（開発主体企業―鹿島建設）

所在地	東京都日野市南平
交　通	京王線「高幡不動駅」徒歩15分
面　積	1.54ha
戸　数	53戸
販　売	平成9年（1997）販売

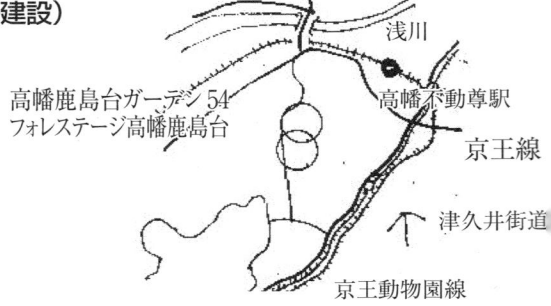

　当地区の開発は、年代的に新しいが宮脇の遺作に近いためここで紹介する。地区は、ガーデン54と区画道路を経て北側隣地である。面積は1.54haで、ガーデン54より小振りであるが戸数は53戸とほぼ同じである。造成完成は平成9年（1997）でガーデン54から13年経ている。

　宮脇は、ここでは、ガーデン54とは違うコンセプトで進める。ガーデン54は、人工的でアーバン性が強かったが、当地区では地域の環境特性や立地特性を活かして「雑木林のような自然なコモンをつくる」「森の再生」をコンセプトに、道路の線形も不整形、曲線、緑化道路、一見不明瞭性などの要素、考え方をデザインに盛り込んでいる。材料も人工、2次製品、工場製品を避け、自然石を多用する事で街並みの中の道並みをナチュラルにする。その結果が事例写真のような街並みとなった。

　地区の入り口に8台分の共有駐車場を設け、訪れてきた人の駐車場としているのも大変ユニークである。現在の運営管理は分からないが、カーシェアリングの時代にも対応出来る施設と言える。駐車場以外は、道路、コモン（クルドサックの広場）、歩行者専用路は市に移管している。但し植栽の維持管理は住民である。地区計画が定められ、管理組合が設置され管理費は、一時金30万円、3,400円／月（1999年時）である。

　当地区も工事中、完成時と何度か訪れたが、同行したデベロッパーの担当者達からもため息が漏れていた。一方、販売促進、差別化、話題性等の商品化としては魅力的であるが、このような完成度の高い街、植栽量の多い街の維持管理を考えるととても住む気にはなれないなどの個人的本音もまた正解なのであろう。住民の方に伺ってもちらっと本音が聞こえてきた。しかしできあがった街は絵になり（写真写り）見事な住宅地環境形成であることは間違いない。今後の維持管理により街並み、環境の質が保たれることを祈る。

オナーズヒル（開発主体企業―コーポ企画、ミサワホーム）

所在地	神奈川県川崎市麻生区千代ヶ丘4丁目
交　通	小田急線「新百合ヶ丘駅」から北へ700m
面　積	17260㎡
戸　数	40戸
販　売	昭和60年（1985）

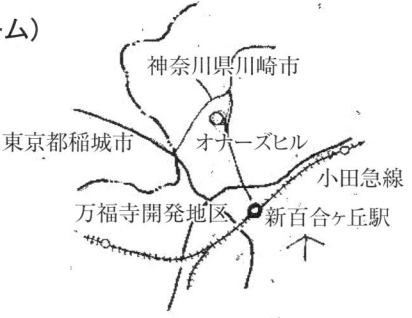

　駅から地区までは緩やかな登り坂である。近年万福寺という三井不動産主導の区画整理事業が10数年を経て完成し、その整備された地区内を通過している幹線道路の歩道により快適性が増した。地区の北側は、よみうりゴルフ倶楽部、よみうりランドである。ゴルフ場は一部川崎市であるが大半は東京都稲城市で、ランドは川崎市多摩区である。行政境界の分かりにくい地域で県境界の端部に位置している。事業主はコーポ企画（株）で津島亮一に率いられた組織である。また津島を理解し支えたのがミサワホームであり三澤千代治[65]で、ミサワのパンフレットには必ず載っている地区である。私もコーポ企画がまだ自主建設促進協会と称していた時「埣の丘」事業に参加しアパートの2階の事務所や打ち合わせの集会に通った。津島は、証券会社の営業部長を中途退社し、町田の公団アパートの有志を集め「宮の郷」という16戸の住宅地を町田につくり住んでいた。この宮の郷は日本でも初と言えるコーポラティブハウジング（コーポ）で建物はタウンハウス形式であった。昭和50年（1975）ごろである。コーポはこの指止まれ方式で、共通の知人や不特定の有志が集まり資金を出し合い土地を探し、買収し、計画を練り、建設する方式で、近年は集合住宅に多数事例を見る。ある人はこれからの分譲事業の望ましい手法であるとも言っている。しかし私も体験したが作業時間、話し合い、調整が必要でボランティア精神に富み気の長い粘り強さと理想に燃えるような姿勢が無ければとても務まらない。「埣の丘」での業務の途中で降ろしてもらったが、津島はめげない、ぶれない人であったとの印象を記憶している。同じ手法の住宅地は大正期に作られた練馬区・豊島園「城南田園住宅組合」があげられる。

　津島は宮の郷の後、昭和53年（1978）自主建設促進協会を設立し「埣の丘」に着手する。場所は小田急線「玉川学園」と「町田」の間の丘陵地で南斜面地だがかなり急傾斜地であった、面積は不明、戸数は39戸でここでもタウンハウス形式であった。完成は昭和56年（1981）で3年かかった。斜面地で道路を通すことは出来ず、南の端部に集合駐車場を設け地区内の移動は歩行者専用路のみである。約30年の時間を経て植栽は育ち鬱蒼としている。但し若く元気であった住民も高齢化し地区内移動や買い物など苦労しているかもしれない。いや逆に毎日坂の上り下りで足腰が鍛えられ元気なのかもしれない。

　津島は、埣の丘完成の翌年昭和57年（1982）オナーズヒルに着手する。社名もこのころ「コーポ企画」に変える。事業化の可能性ありと見込み法人化したのであろう。地区もまた傾斜地で周

65　1938年〜　新潟県出身。ミサワホーム創業者。

辺の市街化の中で残された緑が豊かであった。

　昔北条軍と上杉軍が戦った小沢ケ原古戦場で勝坂、胴坂、殿山などの名が残る地域である。地区の斜面地は近隣、地域の人々の憩いの場で、貴重な緑であり保全運動が盛んで、既にいくつかのデベロッパーが挫折しているという。

　昭和55年（1980）コーポ企画は、「自然との共存」をテーマに計画案を作成し地域の人々と話し合いを続け理解を得る。昭和60年（1985）造成工事が完了する。計画から5年、工事着手から3年経ている。

　地形は南斜面で高低差はかなりある。地区内道路は1本で緩やかに蛇行した道路である。現況地形を極力残すことと宅地区分上と道路勾配をゆるめるための線形である。それでも道路勾配は7～8%ある。この道路を生活軸にして何本かの歩行者路が地区内を巡ってネットワークになっている。開発面積の内、宅地面積は10,600㎡（61%）、平均宅地面積は265㎡（80坪）と大きい。これまでの2地区が庶民向けとするならここはレベルが大分高い住民像を想定している。また造成や緑の残し方など周辺住民との話し合いで大型宅地にせざるをえなかったためかもしれない。手元にある計画書に理念、原点が示されている。

・自然の回復：すべての点でナチュラルであること、そしてきわだって豊かな生活ゾーンを創りだすこと
・文化と安全への提案：自然環境と建物、人とのコミュニケーションのバランスがとれた街

　川崎市の厳しい基準「環境影響評価審査（環境アセスメント）」に合格したのもこの姿勢をコンセプト倒れに成らず具体的計画で実現したためであろう。緑量を計算した緻密な資料が有り計画の一端が伺える。原地形を壊さず道路を通し、宅地は平地造成、雛壇造成をせず、斜面型宅地を想定し、いかに緑量を確保するかに腐心、工夫している。地区内の緑被率37.5%、人口1人当たり6.9㎡とした。造成前の高中木1,800本、低木4,500株に対し完成後は高中木2,500本、低木6,600株としている。

　造成完成時に訪れたが建物は無く道路1本通っていて植栽も支柱が目立つだけであった。数年後、家が建ち植栽が育ち完成する。津島のコンセプト通り見事に他に類例の無い住環境ができあがった。道路のイメージハンプのタイル、道路沿いの宅地の外構植栽の土留めや駐車場の床の仕上げに御影のピンコロ石が使われ、その仕様は緩やかな曲線で納めている。

　ごみ集積所もオリジナルな開閉式仕様で、門扉は無く門柱は地区オリジナル製品で統一され、手すりのロードアイランド調がアクセントとなり、道路沿いの樹種は統一され密度が高く厚みのある景観を形成している。穴を深くし客土量を多くした結果植栽は育ち早期にうるおいあふれた環境ができあがったといえる。この雰囲気はたまに訪れてもいまだに遜色は無い。津島の理念を理解し継承している住民とコミュニティーのまとまりが良いせいであろう。一般的に言われるデベロッパーではできない事業で、津島というイメージリーダーとそのプロデュース力、それを支えた三澤千代治のコラボレーションが生んだ街である。

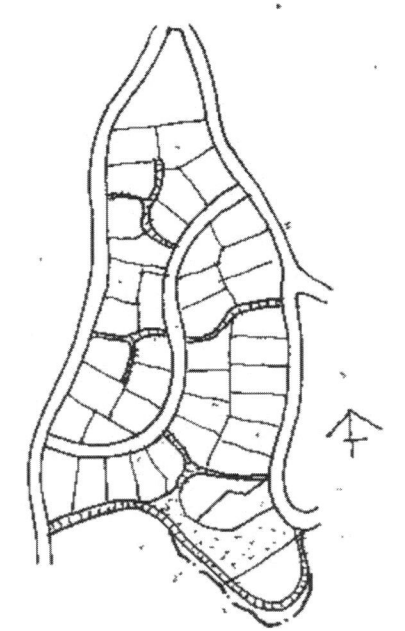

4章　主要な住宅地開発 (2)

鶴川緑山 （開発主体企業—野村不動産）

所在地	東京都町田市三輪町緑山
交　通	小田急線「鶴川駅」
面　積	713300㎡　人口5000人
戸　数	1200戸（マンション含む）
販　売	昭和60年代

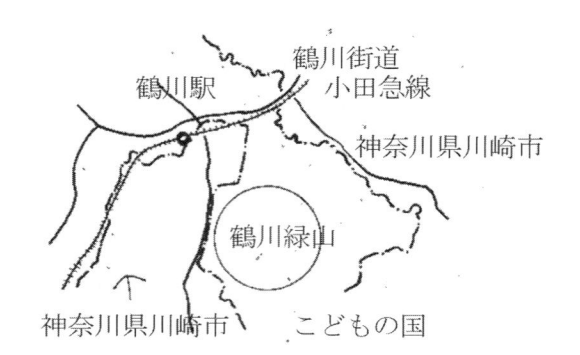

　野村不動産は昭和32年（1957）野村證券から分離独立したデベロッパーである。昭和36年（1961）鎌倉で供給した梶原山住宅地（鎌倉中央公園の南側と思われる）でスタートする。総合デベロッパーで、人気も高くそのブランド力は強い。緑山は「三輪土地区画整理事業」で野村が中心となって進めた住宅地開発である。地区の西側の既存道路を挟んで川崎市麻生区となる。新宿や渋谷から約30分の位置で鶴川駅からは徒歩圏で20〜30分。バス便もある。地区の南方には鶴川駅と同距離で東急こどもの国線こどもの国駅がありバス便がある。地区の南側はＴＢＳ緑山スタジオ（横浜市青葉区）とこどもの国（町田市と青葉区にまたがる）と行政境界が入り組んだ地域である。
　昭和60年代初頭に造成に入っていた。地区の中央部に東西方向に幅員26mの都市計画道路が通り、南北にも幹線道路が通り、地区中央部で交差している。このため地区は4つのゾーンに区分され分かりやすい。当時のプランとしてはオーソドックスで特別特長は無く住宅地とはいえ区画整理らしさのあるプランである。幹線道路には、けやき、さくら、ユリの木、かえでと樹木名が付けられ、その街路樹が植えられている。この幹線道路から電柱を無くし通りの景観的レベルを高めている。このためか幹線道路の裏側に1宅地を設け並行して区画道路を通しここに電柱を設けている。街並み、景観への配慮が競って行われ始めた時代での珍しい工夫と言える。中央部には中央公園、集合住宅が2ヶ所、教育施設用地、店舗などが集まって中心部らしさを形成している。公園6ヶ所と緑地14ヶ所が地区内及び縁辺部に配置されている。5,100㎡のユリの木通り公園には平安時代ののぼり窯がそのまま保存され、9,300㎡の中央公園には築山で密度の高い豊かな森が創造されている。住民の憩いの場、シンボルとなっている。
　地区が売り出された昭和60年代は統一外構、クローズド外構の時代であった。60年代終わりからオープン外構が主流となるが、宅地のゲート性演出を強調するため駐車場、門廻りゲート、門柱、門扉などの設置が成された。宅地の領域性の明確化と2段植栽、宅地のシンボルツリーなどの演出技法が流行った。悪い言葉で「総金歯の街作り」と揶揄された。
　これは、分譲住宅の値上がりが急速で前期販売分に比べわずか半年ほどで次の期の販売価格が上げられる。しかし見てくれ上の仕様が変わらないのはまずいとのこともあり、他社、他地区との商品差別化が進み、重厚感を出すなど競い合った。建設コストをかけても高く売れた時代である。当時の商品計画で高額所得者層の購買心理や指向を調べ、ステータス性の表現、評価願望の充足を目指した時代であった。

4章　主要な住宅地開発（2）

時代も穏やかで幸せ感が漂い、テレビでは金妻シリーズ[66]がはやりここ緑山もロケ場所となった。

戦後日本人がアメリカのホームドラマで憧れた郊外のすてきな住宅地、芝生の庭、美しいデザインの自家用車、若くて美しくセンスの良いママ、なんでも知っているパパが織りなすドラマである。

こんな住宅地に住めばあんなドラマが生まれるかもしれないと夢をかき立てたのであろうか。庭先に出っ張ったコンサバトリー[67]やテラスが設けられ始めた。

東急田園都市線での商品化も顕著であった。当時人気ＮＯ１の路線である。このためいわゆる高級住宅地と言われる街に出向きつぶさに観察したものである。門構え、塀、植栽の樹種や植え方、駐車場の仕様、門から玄関へのアプローチの仕様などで、京都、奈良、神戸の高級、高質な既成住宅地にヒントを探った時代である。

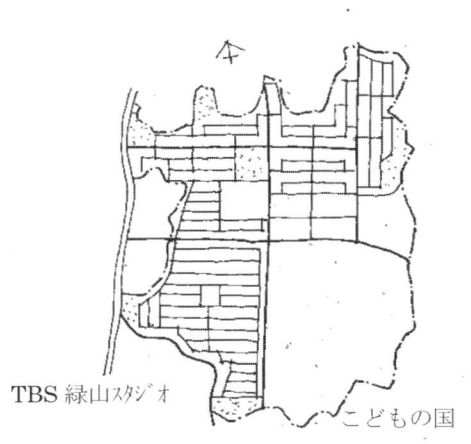

66　1984年前後に流行ったＴＶ番組。「金曜日の妻たちへ」の略語。
67　ガラスで囲まれたガーデンルームのことをいいます。フランス語のConserve（保存）に由来。

東金レイクサイドヒル（開発主体企業―角栄建設）

所在地	千葉県東金市日吉台、八坂台等
交　通	JR東金線「東金駅」バス （外房線「大網白里駅」乗り換え）
面　積	167ha
戸　数	2800戸（戸建て2300戸、集合500戸）、 人口12200人
販　売	昭和60年（1985）
工事着手	昭和50年（1975）

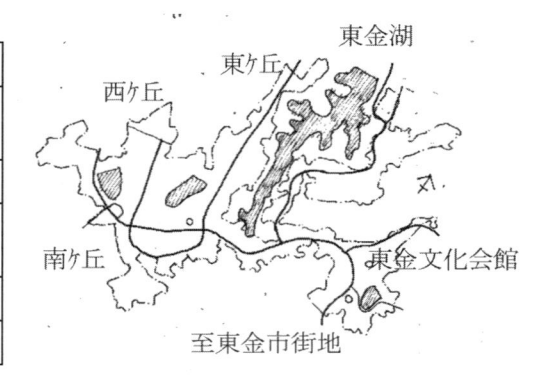

　角栄建設は昭和33年（1958）角田式美[68]により板橋区に設立された。角田氏は、広島の中学を出て戦後東京で靴磨きまでしたという。一代で一部上場の総合デベロッパーにした。

　角田氏から直接話を聞いた。戦後のバラック状の自宅を売ってくれと言われたことがこの業界に入るきっかけとなったと。昭和33年に会社を設立し、同年朝霞市で136戸の朝霞団地を分譲する。34年302戸の志木団地、35年に1,705戸の狭山ヶ丘団地と続けて供給し、38年には、カクエイスーパー、39年にはカクエイガスを子会社として興す。39年2,500戸の霞ヶ関団地を川越市で、40年に3,000戸の志津団地を佐倉で供給する。昭和41年（1966）に渋谷桜ヶ丘の自社ビルに移転する。昭和60年頃新宿御苑前に移転するまでの約20年間渋谷で過ごす。これも角田氏から聞いたが東急の五島慶太、昇氏が師であると。そのためもあり渋谷は憧れの地であったかもしれない。43年には2部上場、47年に1部に上場している。

　昭和60年時までの約27年間で2万戸を供給している。ちなみに角栄は、かの田中角栄とは全く関係なく、これも本人の弁で聞いたが、板橋の会社が角地で、「角田と角地が人気が有り栄えるように」と名付けたとのことであった。昭和50年代中ごろから角田氏は会長で、長銀から社長、副社長、役員、部長が出向していた。後角田氏はカクエイガスの社長のみとなった。名称もエル・カクエイと変わった。後長銀の倒産と共に経営悪化が続き、ジョイント・コーポレーションの子会社となり、平成20年（2008）ジョイント・レジデンシャル不動産と改称されたが、翌21年金融危機で再度倒産、会社更生法を申請した。角田式美の50年に亘る夢は終了した。しかし、その多くの夢は実現され地球に刻印されている。

　昭和50年代所有していた千葉県大網白里の開発用地を東急不動産に70％売却し、東金の開発に投入した。大網の開発はその後東急と組んで「ゴルフコミュニティー・季美の森」として人気を得た開発となる。東金レイクサイドヒルは、東金市が昭和30年代に市の人口減少が起きその対策として台地の住宅地開発を計画し、角栄建設に話が持ち込まれた。昭和44年（1969）のことである。市議会副議長を委員長とする「東金台地開発推進委員会」が設立され、440名の地権

68　1925年～　広島県出身。実業家。

者の「東金台地開発協議会」が発足する。昭和50年末開発許可を受け、55年本工事前の防災工事に着手する。

地区は東京から60km圏で、九十九里海岸へは12km程である。

東金市は江戸から銚子へ抜ける街道沿いに形成された町で、海岸から平坦に近い地形で繋がり、街道やJR線、中心市街地の西側から丘陵となり、台地状となった高台に位置している。地区内には、中学校、小学校2校、幼稚園数園、センター施設の設置が予定されていた。開発敷地の形状は、手の形をしたユニークなものである。指が尾根でそこに帯状に住宅地が広がり、指の間に2ヶ所の調整池と東金ダム（ときがね湖）が位置している。この湖は、利根川から千葉臨海工業地帯へ引かれる地下導水路の中間の調整池の役を成すものである。

昭和50年代中ごろ地区センターの計画で、数本のタワー型高層マンションが当時東洋大で助教授であった若き建築家原広司の計画案で作成されていた。その後この角田氏の夢は実現せず、センター用地の何分の1かの面積に修正され現在のコンパクトなセンターとなった。東金開発はその後東総都市開発という東金専門の会社を興し供給し続けた。

昭和60年（1985）3月中央の公園に特設スタジオを設け、ダークダックスを呼びにぎやかな街開きを行った。センター施設もほぼ完成し東総都市開発事務所、販売事務所、ギャラリー、レストラン、カクエイストアー、芝生広場と初期に入居する人に不便、不安をかけないようにと初期投資をした。住宅地開発では意外と珍しいケースである。さらに集会所や個店の設置を予定していたが残念ながらその後実現には至らなかった。

一方センター用地の仮活用としてバラ園（有料、即販売）やＢＭＸ（悪路を走るマウンテンバイク状の自転車競技）用コースを作り海外からも選手を呼んでイベントを開催した。昭和62年（1987）には、国の資金による文化施設の誘致がなされ地区に設置された。現在ある東金文化会館である。翌63年には、ホテルを持つテニス倶楽部「エストーレ」が完成し魅力化が進んだ。地区の名称は社内募集で決まった。その後名称に恥じない「ときがね湖」も完成し1民間住宅地の景観形成としてはあまり類のない雄大な風景を形成している。

エステ・シティ所沢 （開発主体企業—日本新都市開発）

所在地	埼玉県所沢市中富南町
交 通	西武線「所沢駅」「航空公園駅」 ＪＲ武蔵野線「東所沢駅」 バス便　関越自動車道路「所沢ＩＣ」
面 積	10.6ha（全体 58ha）
戸 数	365 戸（全体 1700 戸、人口 6000 人）
販 売	昭和 64 年（1989）
手 法	土地区画整理事業

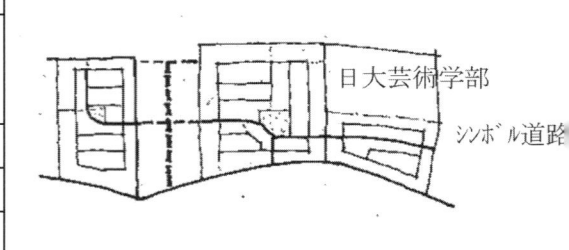

　当地区は、日本新都市開発（以下日本新都市）が開発した住宅地である。会社は平成12年（2000）ニューシティコーポレーションと名称が変わり、平成 21（2009）経営悪化により廃業となった。
　エステ・シティ所沢は、所沢市都市計画事業・中富南部特定土地区画整理事業の一部である。
　地区の位置する中富地区は、元禄年間（1690年代）川越藩主柳沢吉保が玉川上水から分岐した野火止め用水の引き込みにより農地開拓を進めた地域である。それ以前地域には河川が無く農地に向いてなかった。老中の吉保は玉川上水の事業認可と発注の権限を持っていたため、自ら治める地域に玉川上水事業に乗せて水路を引いたことで疑がわれたとも言われている。地域は、上富、中富、下富村と称し、三富地区と呼ばれている。農地は短冊状の耕地がきれいに整然と区画されている。正確には分からないが、1農家の用地として巾15～20m、長さ500m程で、中に雑木林、果樹林、防風林、畑地、家屋敷が計画的に配置されている。吉保の卓越した指導のたまものであろう。地区はこのような歴史的由緒ある土地に計画された。
　昭和44年（1969）市街化促進委員会結成、昭和51年（1976）組合設立準備委員会結成、52年日大芸術学部進出決定、54年組合設立、57年起工式、平成元年（1989）日大開校、平成2年竣工という経緯で進んだ。
　昭和62年（1987）現場を訪れた。現場は、道路、公園など基盤整備は完了し家も建ち始めていた。地区は、区画整理事業地の5分の1程で予定されていた。東西方向に幅10mのシンボル道路が地区を通り幹線軸と成っている。車道も歩道もインターロッキングブロック敷き[69]で、ガードレール、段差は無く排水の皿形側溝蓋で歩車境界が示されボラード[70]が一定間隔で立っていた。街路樹は有るが、グリーンベルトは宅地側に寄せられ幅1mで設けられていた。シンボル道路は途中幅20mの南北に通る日大へ至るコミュニティー道路と交差して区画整理地区内中央部に至る。
　地形は平坦で、道路、区画割りは整形で変化に乏しい。変化付けの1つに区画道路の曲がる角部にコーナースポットと称するユニークな用地が設けられていた。半円型で宅地側に張り出し、

69　Interlocking Block　舗装に用いるコンクリートブロック の一種
70　Bollard　道路や広場などに設置して 自動車の進入を阻止したりする目的で設置される車止め。

イメージハンプ状に仕上げ、高木植栽が1本植えられている。フットパスもこのミニ広場に繋がり、一部の宅地の出入りもここに設けられている。この広場と植栽がビューポイントとなり景観的効果を成している。当時の流れとして、まだオープン外構ではなくクローズド外構で、所有地の領域性の明確化が必要であった。

　一方地区の位置する地域地区は田園風景と自然林が豊かに残るルーラル[71]な環境でこの環境立地にも配慮した仕様を考え「バリエール」の設置を計画した。これはフランス語で塀とか囲いとかの意味であった。その後外構製品を製作する金属メーカーがこぞって扱うようになった、木製のフェンスである。まだ既成の製品化はなくわずかに2×4のランバー材を使ってOP（オイルペンキ）仕上げしたものが一部に使われていた。ペンキではナチュラル感が無い、ランバー材ではごつすぎると試行錯誤を続けた。木場に行き防腐、防蟻処理をしたものを見て、何種類かの木材とOS（オイルスティン：塗装材）の色を変えて塗り、雨ざらしにして様子をみた。また区画整理の事業地内に点在していた土地で建て売り分譲住宅を作りその外構に3タイプ採用し試験的に作り様子を見て、役員の意見なども聞いた。結果全戸このバリエール設置を採用し、シンボル道路添いの仕様と一般区画道路沿いの仕様を変え建物の外壁の色味に合わせたOSの色味を4色程決めた。これは仕様の統一感と色味の変化のバランスを図ったものであった。さらにバリエールを共通仕様としながら、生け垣と宅地シンボルツリーや宅地コーナーツリーと集合門柱（メーターボックス）の設置で変化を付けた。

　昭和62年から2年ほど計画、設計作業を続ける。その後何年かけて全戸完成、販売完了したのかは分からないが10年ほどはかかったであろう。たまに訪れてみる。気になるのはバリエールの維持管理と、撤去である。しかしこれまで見るところによれば撤去されている宅地は無い。また壊れたり、傾いたりしている箇所も見られない。まだ年数が経っていないせいかもしれないがほっとする。平成に入る頃外構仕様も変わりオープン性が流行り、植栽が中心となり、フェンス系は少なくなった。一時木製フェンスやゲートが流行ったが現在は大分少なくなった。地区では統一した仕様で継続している。

71　Rural　　農村の、田園の意。

あすみが丘（土気南区画整理事業）（開発主体企業―東急不動産）

全体計画

所在地	千葉県千葉市緑区あすみが丘
交　通	JR外房線「土気駅」徒歩、バス便
位　置	東京から60km圏、千葉市中心部から15km
面　積	313.2ha
戸　数	9560戸（内東急分4200戸） （当初戸建てのみ）
人　口	3万6000人
販　売	昭和61年（1986）
手　法	土地区画整理
地権者	1200名（内地元居住者600名） 200㎡以下の地権者700名、60% 東急の先買い地40%

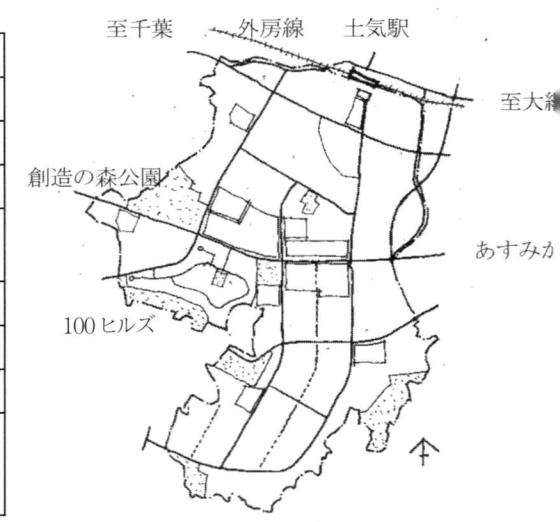

　昭和40年代、東急グループが総力を挙げて施行していた多摩田園都市の開発が軌道に乗ってきた。東急不動産も創立以来神奈川方面での開発実績が増えてきた中で、ポスト多摩田園都市、電鉄からの自立、新規地域への参入などが検討模索されていた。

　昭和42年（1967）まだ千葉市ではなく山武郡だった土気町から国鉄外房線土気駅南側一帯の開発が持ち込まれた。この年から約20年後の昭和61年（1986）11月の第1期分譲開始までの永く多難な事業経緯の始まりだった。さらに10数年後の完成まで含めると30年の時を経る。さらに東隣のあすみが丘東地区（土気東地区）も加えると事業はまだ継続している。半世紀に渡るプロジェクトである。昔あるデベロッパーの上層部の方が、デベロッパーでの仕事は、後輩達に仕事（事業）を残して―路線を敷いてやる―ことが大事だと言っていたことを思い出す。土気は、東急不動産最大のプロジェクトであった。私は、第1期分譲開始前の昭和59年から約10年各種計画に携わった。

　手元に当時の古いパンフレット類が多数ある。中に昭和59年10月付けの区画整理組合発行のものは折りたたみ式で、広げると六千分の1のマスタープランが載っている。図面は一部を除いてほとんど変わっていない。概ね計画通りに出来ている。

　地区は民間では首都圏地域で最大規模の住宅地開発である。東急不動産は「千葉中央部開発計画」として調査、検討を始める。電車で都心部へは1時間以上かかる時間距離である。現地は、農地が3割、山林他が7割で地区の北側で土気駅に近い側にはスプロールで住宅地が散在しているゾーンが約60ha（約1,000戸）ある。

経緯

- 昭和44年（1969）東急と土気町が開発の協定を締結用地取得開始
- 同年7月土気町は千葉市と合併し、千葉市緑区土気町となる。開発手法は区画整理事業となる
- 昭和46年（1971）開発事務所設置
- 昭和47年（1972）1回目のマスタープラン策定
- 昭和50年（1975）区画整理準備委員会が発足
- 昭和57年（1982）10月組合設立総会開催、11月起工式、工事着手

　土地利用計画は、道路、公園、緑地、調整池など公共用地が114ha、36.4％、教育、センター施設など公益用地が24.7ha、7.9％、宅地が174.3ha、55.8％であった。特記すべきは、公園緑地で39ha、12.5％で地区公園（基準4ha以上）と近隣公園（基準2ha以上）で3ヶ所、児童公園（現街区公園）他は15ヶ所が地区内に点在している。教育施設は、小学校4校、中学校2校の設置が予定された。（現在中学2、小学3が開校、1校は有名私立付属の誘致であったが実現していない）センター施設は、駅前のバードモール、地区中央部のセンターゾーンとサブセンターの3ヶ所が予定された。このような内容で基盤整備の施工は昭和57年（1982）～平成5年（1993）まで続く。第1期の販売が昭和61年（1986）であるからしばらく並行して進められた。

駅舎

　プロジェクトは、様々な要素を担当者別に検討され計画が進められた。土気の駅舎は木造で古くさびれていて、新しい都市の顔にはふさわしくないため、国鉄（当時）と協議し建て替えることになった。費用は全て組合で出す。デザインの申し入れや意見を持って何度か折衝した。国鉄の設計基準はかなり厳しかった。天窓を含めた開口部面積の制限が大きかった。ステンドグラスのはまったドーム型の天井で、地域の人たちの念願だった南と北が自由通路で結ばれた駅舎が完成した。施工期間は昭和59年、60年の2年間。

駅前広場

　駅の南側に駅前広場が設けられた。バス、タクシー乗り場であり、バーズモールに至る広場が駅と結ばれている。デザインテーマの1つに「鳥」がある。このテーマで何かできないか模索し検討した。イラストレーターの黒田征太郎[72]氏に参加してもらうこととなった。黒田氏は、私が在籍していたイカリ設計の猪狩所長とカナダ時代の昭和58年（1983）ごろ面識があった。

　黒田氏は昭和60年筑波科学博覧会サントリー館の内外の壁に自分の指で鳥の絵を一千羽（1万ではなかったとおもうが？）描いて好評だった。指の指紋が擦り切れてしまったという。黒田氏の絵タイルは個展で1枚2万円していたが、黒田氏は猪狩氏への恩返しと街づくりへの参加希望

72　1939年～　大阪府出身。イラストレーター、グラフィックデザイナー。

から快く引き受けてくれ、100枚の鳥の絵を描き笠間に持ち込み焼いてもらった。この絵タイルが広場に適当にはめ込まれている。これは何故かパンフレットにも宣伝にも使われず東急の社内でもあまり知られていない。いささかもったいないネタである。剥がして持っていかれても困るからかもしれない。

バーズモール

駅前広場から見えるショッピングセンターがバーズモールである。このセンターが完成したのは平成元年（1989）である。ここも鳥をテーマにしている。東急ストアーが核店舗で飲食、物販、サービスの個別店舗が多数配置されている。これで駅前一帯の顔が出来て街らしくなり始めた。

このセンターの企画、設計は浜野商品研究所と安藤忠雄建築研究所であった。浜野安宏氏[73]は渋谷の東急プラザのリニューアルで信を得て、売り出し中の建築家安藤忠雄氏と組んでデザインを進める。

１回目のプレゼンテーションの会議に参加する機会があった。会議の前にいろいろ内容が見え隠れし、東急の担当者と関西へ出向いた。浜野と安藤両氏の仕事を視察し、事前の知識や意見を持っておこうとのことだった。特に京都で話題を呼んだ商業ビル「タイムズⅠ、Ⅱ」は今回と同材の無機質なグレーのコンクリートブロック造であった。Ⅰ号館は昭和59年（1984）にできていて、雨の降る中を昼間と夜と内から外からと眺めていた。グレーのままではあまりにも味気ないと外壁にベージュ系の塗装を吹き付けることで進めた。駅前の顔となっている。

道路

道路は、駅から南に向かい地区を南北に縦断する「あすみ大通り」にクスの大木が両側に整然と3kmも並びシンボリックな道路景観を形成している。これも初期に施工され街のイメージを高めるためであった。地区の西側にも「公園通り」という幹線道路が完成し初期販売に向けた基盤整備が出来てきた。地区は大きく駅よりの北側ゾーンと駅から遠い南側のゾーンに別れる。この分離が東西方向の幹線道路で東西の隣地、地域に伸びていく「あけぼの通り」である。この通り沿いには、100ヒルズ街区、ガーデンコート街区、創造の杜公園、ショッピングセンターなど地区の中心部を形成する用地が配されている。この通りは両側に幅の広い緑道がとられ緑地帯的仕様で、地区の景観軸となりシンボル性を高めている。

73　1941年〜　京都府出身。ライフスタイルプロデューサー。

公園

　地区内の公園で特記すべきは「創造の杜」公園で、民間住宅地レベルでは珍しく、基準4ha以上の地区公園で面積9.2haである。大きな自然風の人口池の遊水池を中心に、野球場、シンボリックな広場、8つの日本の地域テーマでその地域の自然石と植栽でまとめたブロック、自然石でできたカナールや親水護岸、一周1.2kmのジョギングコースなどがある。木曾石を中心に大型トラックで次々に運び込まれる膨大な石類に目を見張った。完成してみれば他に類の無い公園が出現しいまや住民の憩いの場である。地区の南端部の谷にある「水辺の郷」公園は近隣公園レベルであるが周辺の緑と谷の水を生かした公園である。住宅地から公園までの標高差は大きく上り下りだけで良い運動になる。

　中央部のセンター付近であけぼの通りに面したところにある「ゆりの木」公園には3本のトーテムポールが立っている。カナダのノースバンクーバーのシーモア住宅地区と当地区は国際姉妹団地提携が結ばれた。これはホームスティなど国際交流が当初より進められたその事業の1つであった。

住宅地の種類

　地区には多数の多彩な商品が企画され供給されている。7タイプに分けることができる。価格については触れないできたがあえて価格によるグレード差を表示しておくことにした。そのほうが分かりやすいし、このような商品を提供してきた事業主体の姿勢が見えるかもしれない。但し以下の価格は10年～15年前のものであくまでグレード比較の目安にするための表記である。

　①一般住宅街区：土地55坪、建物35坪、一般木造、3,500～5,000万円

　②輸入住宅街区：土地55坪、建物35坪、東急ホームミルクリーク住宅

　③テーマ形住宅街区：土地55坪、建物35坪、山荘風シャレー、南欧風アルカーサ

　④エクシード住宅街区：土地100坪、建物60坪、一般木造、幹線道路沿いなど　1億円前後

　⑤プレステージ21住宅街区：土地200～400坪、建物100坪、一般木造、数街区　1億5千万円～2億5千万円

　⑥ワンハンドレッドヒルズ住宅街区：土地500坪～1,000坪、建物120～200坪ＲＣ、木造、全戸プール付、一部テニスコート付、1街区のみ　6億～10億円

　⑦ガーデンコート街区：マンション

　事業は全て終了しているが種別集計数は入手していない。初めて現地を訪れたのが昭和59年（1984）で、素造成が始まり造成工事の大型車が動き回っていた。その1年後、昭和60年（1985）埼玉県の森林公園近くのリゾート施設で2泊3日の検討合宿があった。不動産を中心とした東急グループの関係者、社外の関係者などが入れ替わり立ち代わり、連泊の人、日帰りの人など数十人が参加した。バンケットホールでは総合会議、個室では部会、夜は各自の部屋でのミーティングである。熱心な議論が戦わされた。当開発は東京から物理的にも電車や車での時間距離でも遠く、首都圏での人気は薄く、知名度も低い地域で、事業の先行きに不安を抱いていた。東急の担当者たちは「島流し」と揶揄していた。それまでの東急の事業区域神奈川県からすればそんな地域イメージであった。また東急の社員が居住する地域からも2時間、3時間もかかる遠方であった。膨大な量の商品を供給し続けられるであろうかと疑心暗鬼にかられた。合宿での成果は詳しくは分からないが、その後の商品企画を方向付けする企画案が生まれたようである。当時作成したコンセプトのチャートが手元にあるが、表面とは違う裏コンセプトと言えるものがあるがどこにも記されていないし記すわけにはいかなかった。「千葉らしくないこと」がそれであった。失礼な話で当時の知事に怒られるところである。では千葉らしいとは何かをまじめに議論し書き出した。その反対のことをすればよいのかとなる。形、色味、住まい方、間取り、外構、植栽などなどである。その結果が今のあすみが丘の街となった。チバリーヒルズと揶揄されたワンハンドレットヒルズ、プレステージ21などの街区はそんな中から生まれた。

①一般住宅街区

　第1期の販売戸数を幾つにするかが議論になった。それは毎期完売を続けねばならず、多いと売れ残りが怖い、売れ残ると言えイメージダウンとなる、少ないとわびしすぎるし、モデル街区にならない。当時、短期即完は販売計画上よろしくなくお目玉をくらう。このさじ加減が極めて

4章　主要な住宅地開発（2）

難しい。東急の担当者達は悩み抜いていた。コンセプトは、街並みを「白」を基調にレンガ、タイル、木柵、外壁、サッシなどを統一した。それも極めて価格帯を押さえた目玉商品を用意することで費用はかけられない。赤字覚悟の値付けもあり初期販売は順調であった。何期かこの仕様で進めた。

　数年後、地区の中央部を東西に通る「あけぼの通り」の駅側の北側ゾーンから南側ゾーンに分譲地が移るに当たり新規の商品計画がなされた。土気駅からはバス便となるくらいに離れてきたため、そのテーストをアーバン性からルーラル性に変えた。色味、材質にナチュラル感を持たせ、生け垣、シンボルツリー、コーナーポイントツリー、芝生、自然石などを組み合わせた。駐車場のゲートと門柱、門扉による統一感と領域性を持たせた仕様にした。生け垣は、竹の支柱はやめて曲線のパイプを設置し、生け垣の植え方に緩やかな曲線を形成させ変化を持たせた。庭木も加わり今や豊かな緑が街を囲み潤いあふれる住環境を形成している。現地を訪ねると維持管理が各自で行うため、なかなか手入れが行き届かない家も多い。植栽も適度な量にしておかないと維持管理上大きな負担となりかえって迷惑な仕様となる。いまさらながらいくつか反省する点がある。

②輸入住宅街区

　この商品は東急ホームとのコラボ[74]で生まれた。東急ホームの設立は昭和57年（1982）である。その前身は昭和41年（1966）注文住宅の商品名からで、昭和45年の埼玉県武里団地（530戸）で業界初の全戸建て売り住宅での分譲においてデビューする。まだ在来工法であった。この東急ホームが後年「ミルクリーク」という北米スタイルの商品開発をした。この商品をこのあすみが丘でも実践する。数はそれほど多くは無く、1回での分譲戸数も多くはないが人気は高かった。分譲価格もやや高めであったが売れた。パステルカラーのサイディング、白色のアクセントモール、玄関前のサービスバルコニー、コニファー[75]類の植栽、オープンで明るい外構仕様などこれまでとは違うテーストであった。まだまだこのようなテーストの家は気恥ずかしく本格的には採用されていなかった。あくまで注文住宅での需要で、建て売りではいささかリスクの伴う仕様であった。

　東急は、恐る恐る数戸を提案型風に作る。しかし即完であった。この後地区内各所で輸入住宅を配した商品が造られ住宅用地に配した商品が造られた。供給戸数は把握していないがかなりな数が販売された。

③テーマ型住宅街区

　この商品は、地区内に広く点在している。東急社内ではこのような名称では呼んでいないかもしれない。私のネーミングである。デザイン的に他商品と際立って違いをつけたユニークなものを勝手に呼んでみた。

　地区は広く永い事業期間の中で、商品や街並みに変化を付けていかねばならなかった。また時代とともに担当者も変わり、新担当者はそれまでの街並みを真似るのではなく、新たな商品企画を進める必要があった。その中から生まれてきた商品である。ある時、初期の担当者たちが出世し、部署が変わり若い担当者に替わった時、当時の担当者から新担当者にガイダンスを頼まれたことがある。初期のコンセプトや若い担当者が知らない裏話や当時の先輩担当者の話をした。あの商品は誰が担当したとか、発想の原点などである。上司が話すと聞きにくいのであろう。

　東急不動産では、社内でデザインをする体制が整い各街区で魅力ある商品が展開していく。供給年度は正確に把握できないが互いに競い合うようにユニークな商品が供給される。南欧風、山荘風、ブリテッシュなどである。戸建て住宅地が全体を統一感あふれる商品テーストでまとめられた時代から、小街区でのまとまりと統一感は持たせるが、街区ごとの統一感はかなり変化を付けるようになってきた。このあすみが丘でも5年、10年と経る中で街並み形成は変化していく。外構の仕様もクローズドからオープンへまたクローズとなった。多様な商品を生み出し、デザインの流れや先進的傾向を残した。多彩な商品が実験的にも培われた住宅地である。商品のバリエーションを見るには参考となる住宅地である。

74　Collaboration　共同、協力。
75　Conifer　欧米原産の園芸用針葉樹。

④エクシード住宅街区

　当商品は、供給数は少ないがこれまでの一般街区に比べ1段とグレードを高くした商品である。建物延べ床面積60坪と当時の計画的分譲宅地では大型の部類に入っていた。庭先、庭面積も十分に取られていた。建て売りで顧客に規模（面積）を感じさせるには単に数字だけではだめで、建物の間取り、部屋数、各居室の規模（畳数）、と駐車台数と庭先である。建物の床面積に比例して主庭の面積がしっかりとれ、庭先と庭幅がしっかりないと貧相になり敬遠される。また価格に見合う条件をしっかり保たねばならない。日照、プライバシー、領域性、構え、囲い、1階と2階の床面積比率、植栽、駐車場仕様、庭等などである。

　この商品は、次に紹介するプレステージ住宅街区と一般住宅街区の中庸を成す商品であるが、むしろプレステージに近いかもしれない。門構えも高さ、幅、寸法、仕様が中庸を成すようにバランスをとった仕上がりとなっている。

　当時のターゲット像は、一部上場企業の部長級以上の人とあった。地区の中で配置されたのは地区内幹線道路沿いである。これは、幹線道路に面しており、日照、通風などの条件が良いこと、駐車場、アプローチは裏（北）からとり幹線側は統一外構で囲える。また街並み形成的には、グレードの高い住宅、街並みが並び街の顔となる。

　幹線道路を歩くと商品が多数目に入る。

⑤プレステージ21住宅街区

　当商品は、昭和61年(1986)の第1期販売から2年ほど後分譲された初期分譲商品の1つである。手元に第1期分譲時のパンフレットがある。敷地面積594㎡～990㎡（180坪～300坪）、建物面積235㎡～383㎡(71坪～116坪)で18戸の分譲である。当時このクラスの建て売りはありえなかった。このクラスの顧客は、宅地を買い自分に合った建物を個性的に建てるクラスであり、リスクの大きい商品であった。早期市街化の促進とイメージ発信のモデル街区の形成から、東急は初期からグレードの高い商品を供給していく方針をたてる。区画道路は、一般住宅街区との差別化戦略から白御影石（ピンコロ石）のイメージハンプと側溝ラインで「みちなみ」形成を図る。宅地側では、幅1.1mのグリーンベルトと御影石の土留め、高さ2mの白いタイルの塀、御影石敷きの8m×2.5mのフロントヤード（門前のスペース、来客用駐車スペース、セミパブリックスペース）の設置と統一外構で一団の街を形成する。このスペースは道路スペースの広がりとなり、一体感を生み街並みに空間のゆとりを形成する。各住宅と門周りは設計事務所数社が担当し、規定の条件を守りつつ、オリジナルなデザインで設計される。

　第1期は好評のもと完売する。東急の担当者と土気町の担当者に同行して千葉県警察本部にハンプ[76]の設置で協議に行った。先方の担当者は、猛反対であった。「こんなもの作って、もしこれが原因で事故があったら責任とれるのかと」。まだまだボンエルフ仕様の普及する前であった。東急は他の街区でも設置したかったがこの1期目のプレステージ街区のみと一筆書いて許可してもらったと聞く。このため1期分譲地内道路にのみハンプが敷かれている。

　当商品はその後続いて供給されていく。事業地の中央部に配置し数街区で代表的住環境を形成し、地区の顔となっている。第1期の街区は南北軸街区で、街並み形成では建物の側面が道路側に面しているが、2期以降は全て東西軸街区である。当地区の街区幅は30mで均等に区画されている。このため当プレステージ街区はその面積から宅地の奥行き（南北方向）は30mで一律、宅地幅（東西方向）で面積調整をした。このため宅地の南側と北側の2面道路に面する形態となった。300坪(990㎡)の宅地では間口幅が33mとなる。一般宅地5宅地分である。宅地は北入りで、北側に門、駐車場が設けられ、南側に勝手門が設けられている。この勝手門は庭への出入り口となり、住民の方より植木屋さんなど工事関係の人には重宝がられている。

　当初の計画ではプレステージ街区をここまで広げる予定ではなかったため道路からの給排水の取り出し口がずれてしまい、多くの宅地では不規則にグリーンベルトをつぶして設けられている。商品の人気が高くさらに10年近く商品供給を続けていく。外構の仕様では寸法など基本的条件は変えず、タイルの色味、デザインを変えていく。また最後の数年間は、景気も低迷し、高額商品の人気も落ち見直さざるを得なくなってきた。何坪までならプレステージと呼べる商品といえるかの検討もされた。結果150坪（495㎡）をミニマムとした。宅地幅16.5mである。また予定を変え一般街区にしようとしたが隣地の既存プレステージ街区の所有者からの反対、抵抗があり

76　Hump　生活道路における車両の走行速度を低減させる対策のひとつ。道路幅の一部を意図的に狭めたり、盛り上げて物理的にスピードを落とさせる方法。

しばらく続けることになる。正確な数字は確認していないが200戸近いのではないだろうか。現在訪れてもその住環境や景観の質は保たれ街並みは美しい。今後このような街が供給されることは無いような気がする。そのため住宅地の歴史の中で残っていく1つとして位置付けられよう。

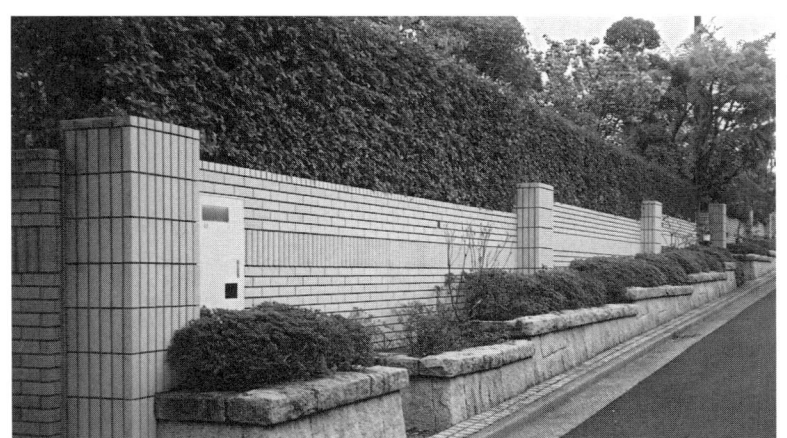

⑥ワンハンドレットヒルズ住宅街区

　当地区は、アメリカのビバリーヒルズの住環境を模して作られた日本でもまれな計画的超高級（高質）住宅地である。全戸建て売り住宅分譲である。当初の計画議論や話題の中に出ていた記憶などから早期市街化の促進、開発地区のイメージアップ、話題性、差別化戦略、ここでしかできないことの実現などが考えられる。担当者がカナダやアメリカに視察に出かけていた。第1期の販売は平成の始めである。17.3haの計画地に65戸しかない。ワンハンドレット（100）のネーミングが先行し、結果65戸となったようである。グロスで割っても1区画当り800㎡となる規模である。

　この街区をアメリカのクローズドコミュニティーあるはゲーテッドシティ[77]という独特の街区を作ろうとした。計画にはアメリカのロスアンゼルスに事務所を持つ建築家に依頼し、マスタープランとモデルプランを作成してもらった。プレス発表し新聞、テレビでビバリーヒルズをもじってチバリーヒルズと揶揄された。マスタープランの北側の幹線道路に面するメインゲートに警備員のゲートハウスがある。他に2ヶ所の取り付け箇所がある。道路が全て公道として移管されたため本格的なゲーテッドシティには至らなかった。しかし現在も不要に街区内に入り写真撮影などしていると警備人か住民の注意を受ける。1区画500坪か1,000坪の宅地規模、建物面積は100～150坪である。500坪宅地にはプールが設けられ、1,000坪宅地にはプールとテニスコートが設けられている。駐車場はインナーカーポートが2台、屋外には数台収納できる。門から入ってアプローチを経て宅地内を走る。カーポートは道路からは見えない工夫がされている。区画道路は両側にグリーンベルトと歩道が設けられた景観道路である。宅地は高い塀と高木に囲まれ、門は広く高い観音開きの鋳鉄製の門扉が設けられている。塀や門は、道路から6m以上セットバックし青い芝生が敷き詰められている。

　建物は当初RC造であったが後2×4も採用された。東急の担当者に一度現場を案内してもらった。街区の四周は仮囲いされ社員でも外からでは何も見えない。工事用の入り口で社員証を見せて中に入った。東急の上層部では、関係ないものは入るなとの通達であった。1階の天井は高く4mほどはあり、維持費が毎月20万円はかかるとのことで、ランク下のプレステージでさえ驚いたがそれ以上であった。玄関で靴を脱ぐか脱がないかでアメリカの建築家とかなり議論があったが、やはり脱ぐことで商品化された。またプールやテニスコートもいささか飾りかステータスシンボルとなっているのが現状のようである。

　パンフレットは一般に配布するタイプのものは無い。濃紺ビロードハードカバーの製本で、1部2万円かかったとのことであった。戸別の間取り図は2戸分しかなかった。これは顧客訪問の時、2～3戸分しか見せないようにしていたという。このクラスの人は他人に間取りを見られたくない心理があるとのことであった。パンフレットの中には日本ではあまりお目にかかれないアメリカ独特のタッチのイラスト風パースやモデルが淡い線画で描かれていた。美術書とも言える

77　不要な外部の人の進入を防止し入口で入出チェックを行い、居住者の安全性を高める仕様。

質感の高いものであった。当初は売れ、入居も始まったが途中でブレーキがかかり、現在なお販売を続けている。65区画の内50区画ほどが売れた。（近々の数は未確認）中古仲介は別として、あすみが丘で販売継続はこの街区のみであろう。またどのような方が買い住まわれているかは分からない。いずれにせよこのような住環境を計画し実施した東急の力はさすがともいえ、今後もできない住宅地であろうし、住宅地の歴史に記しておく1例と言える。

⑦ガーデンコート住宅街区

　当街区は集合住宅街区・マンション街区である。あすみが丘地区を東西に通過し、地区の幹線道路となる「あけぼの通り」と南北の幹線道路「公園通り」の交差部に面し、西は創造の杜公園、南はワンハンドレットヒルズ、東はセンター地区という立地環境である。面積 8.4ha に 31 階の超高層のツインタワーと 13 棟の高層棟を建設、1,500 戸の壮大な集合住宅地建設を目指した。駐車場は地下に納め、地上部は豊かなオープンスペースで構成されている。当街区は、当初コートハウス街区と呼んでいた。それは、何戸かでテニスコートを共有し、テニスコートを囲んだ区画割りと建物配置を計画的に配置したユニークな住環境とコミュニティー計画を考えていた。平成初年のころである。

　販売も好調で当初考えていなかったマンション立地の可能性を生んだ。地区の都会性、人口増、収益性なども考えてのことと思われる。コートハウス街区計画は中止となり集合住宅計画に変更となった。計画、設計、施工、分譲が着々と進められ、順調な出だしであった。販売は、西側の創造の杜側から進められた。西側「杜の街」ブロック 8 棟までは順調といえる。北側の「丘の街」に至りバブルが崩壊し市場の低迷が始まり計画の変更を余儀なくされる。丘の街 5 棟の内 3 棟でストップする。ツインタワーの「空の街」もストップした。東側のブロックは空き地となっている。

　あすみが丘地区の壮大な事業はほぼ終了した。地区内には多数の商業施設、事業施設等が並び都市化してきた。現場で長靴が抜けなくなった時代を思い出す。現在の総戸数（世帯数）や人口は確認していないが当初予定の 9,560 戸、人口 3 万 600 人は概ね達したのではないかと思う。昭和 50 年代末から 10 数年何かと計画に携わった。その後東急は、東側に隣接し、昭和の森公園との間にあすみが丘と連なる「あすみが丘東」地区の区画整理に着手する。

あすみが丘東地区・土気南特定土地区画整理事業 (開発主体企業―東急不動産)

地区全体概要

所在地	千葉県千葉市緑区あすみが丘東
交通	JR外房線「土気駅」バス便
面積	85ha
戸数	3600戸
人口	6800人
販売	
手法	土地区画整理事業
地権者	370人
事業期間	平成9年(1997)〜平成22年(2010)

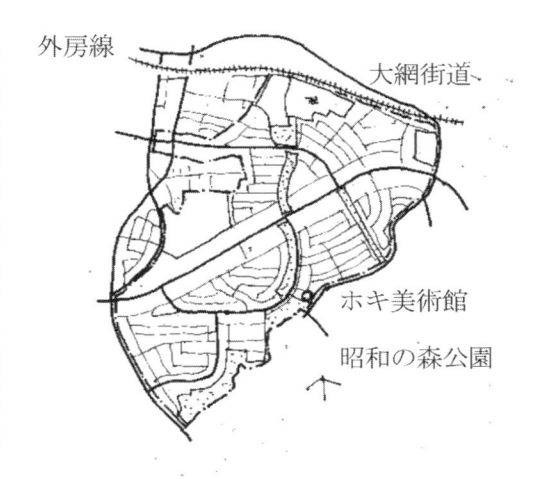

　地区はあすみが丘地区の東側隣で「昭和の森」との間に挟まれた地区である。あすみが丘とあすみが丘東の2地区は、連接していて現地へ行っても分からないくらい一体化している。あすみが丘地区131ha、あすみが丘東地区85ha、昭和の森が100.9ha合わせて316.9haの広大なステージである。

　あすみが丘東地区は、千葉市中心地から約15kmの高台に位置している。事業代行は東急不動産である。事業期間は終了したが東急の分譲事業はまだ当面続く。開発では自然保護団体から「典型的な自然破壊」と批判され開発の反対、計画の変更を求められたこともあった。土地利用では、8ヶ所の公園約31,000㎡、5ヶ所の緑地21,000㎡が地区の縁辺部と中央部に設けられ約6%近いオープンスペースの面積である。道路は、幅16m〜27mの都市計画道路が3本で骨格を成し、あすみが丘地区とも2本が結ばれ連帯性を高めている。

　街区を形成する区画道路のパターンを見ると、カーブ、ループ、変形と多彩である。これはあすみが丘と比べると大きく違う。あすみが丘は殆どが東西軸の平行型で整然としている。やはり時代の違いであろうか。このため街区単位で多様な商品化が進められた。所期の分譲建物でもユニークなデザインがいくつか見受けられる。その典型的1例でミコノス風がある。海岸縁の別荘ならうなずける商品である。真っ白い外壁、陸屋根、屋上テラス、塀に囲まれたパティオなどが特徴である。緑地や調整池といった立地を生かしての発想であろうか。初期の商品である。

イスレッタ・デ・フロール

　この街区は初期の商品の1つで私が参加した。東急担当者と初期の話題性、集客性、イメージ発信、低廉な価格帯、30歳代の若い一次取得層向けなどがテーマであり、コミュニティー形成、防犯などもコンセプトであった。

　プランニングのプロセスでは当初から共用地の設置が考えられていた。共用地は共有地と違い環境形成に寄与したスペースの各自の所有権利はそのままで、容積率算定のベースに使える。共有地は使えない。このため宅地が小さくなると望ましい床面積の確保ができない場合がある。今回宅地の規模を50坪台から40坪台にし、価格を抑えるようにしたいとの与件があった。また計画の対象となった街区が2枚宅地のいわゆる羊羹切の整形で細長い地型であった。

　背割りの共用地通路の先例は、積水ハウスが岐阜で実現していた。東急も静岡県裾野町の千福NTで3m、静岡県袋井市の住宅地では4mのものを実現していた。この2例は車を通した案であったがあすみが丘東ではあくまで歩行者専用路であった。

　南側の幹線道路側住戸は通路が後ろ（北側）になるが、玄関は通路側に設けた。但し、駐車場は南側にあるため、駐車場から玄関ポーチへの通路を建物脇に設けた。このため建物のサイド寸法は、一方は定めの50cmとしもう一方を1m以上と広めに取った。結果2戸で1棟的な配置となった。通路の出入り箇所をメインゲートとし、ポケットパーク、来客用駐車場を設け、中間のポケットパークにもアンティークなレンガのゲートを設けた。さらにサブ的に出入り口も設け機能性を高めて、閉塞感を和らげた。

　この共用地の通路は全戸がほぼ均等に面し、供出し利用しているため住民の意識は均等で維持管理も共同である。北入りの宅地は庭が通路に面し日照、通風などの恩恵を受けるが、南入り宅地は特に恩恵を受けないとの差が出て、維持管理上の話し合いでの議論になることが考えられる。そのためもあり、通路をコミュニティーの活性化となる空間とするために玄関を面したことが正解であった。

　住宅のデザイン、内装、プランには30歳代のヤングファミリー層向けに特徴を持たせた。販売初日現場に居て来客の印象を観察し、会話対応していた。若い顧客に人気のあった感触。

　予期せぬ不測の現象が出てきた。本人たち若い顧客が気に入っても資金の一部を援助する親が反対した。室数が少ない、畳の部屋が無い、落ちついたデザインでない、駐車場が1台であるなどである。親が「私たちはどこで寝るの」とのことであった。一金も出すが口も出す―のである。だいぶキャンセルが出たとのことであった。10年を経て、久しぶりに訪れたが維持管理はよく、ほっとしている。

ミルクリークヴィレッジ

　ミルクリークとは、東急ホームの商品名であることは前述した。アメリカ西海岸のシアトル郊外の自然豊かな美しいミルクリーク市で1973年東急グループの現地法人が開発した住宅地と建物からきている。語感もいい。当地区の名称もこのミルクリークを冠にしての名称付けとなった。

　この街区は地区内にいくつか見受けられる変形の地型をしているところの1つである。面積は7630㎡とまとまりのある規模である。当初は先のイスレッタ街区同様共用地の設置を図った案が進められていた。市場も芳しくないのでしばらく見合わせていた。後アメリカのシアトル在住の建築家に依頼しカラフルで軽快なアメリカンテーストの街が実現した。オープン外構、全戸1台屋内駐車場の設置、その前には2台目のカーポートとなっている。30歳代のヤングファミリー層に受ける雰囲気である。

　東急不動産は、これまでも時代の先取りをした先進性のある商品を多数提供してきている。あすみが丘とあすみが丘東の時間的差は10年～30年とあるが、街並みの違いは歴然としている。ある時代は、落ち着いた、重厚な、高級感といったキーワードが出てくるが、今は明るく、爽やか、軽快といったキーワードもよく出てくる。

　あすみが丘東地区でもこのキーワードを代表しているのが、販売事務所のデザインであり、ガーデナーイーストであろう。ガーデナーイーストは、ガーデニングとカフェレストランを合わせたショップである。イギリスを始め洗練した輸入商品が並び、広い敷地を生かした屋外展示はそのものがガーデンとしてしつらえており楽しめるショップとなっている。

　平成22年11月開設された「ホキ美術館」がある。設計は日建設計で細長い敷地に細長い建物が宙に浮いたような形態である。中に入るとまさにそのままで、延長500mの回廊型ギャラリーとなっている。明るく見やすい室内である。この美術館は、日本で初の「写実絵画専門美術館」である。館長の保木将夫氏は、戦後文具小売業から日本を代表する医療用品メーカーに発展させた人で、保木氏の個人所蔵、収集品を展示している。収集作品は40作家、300点で100号級の大作が多い。土気駅に出ている案内に沿いバスで向かう。土曜日だがバスは満杯であった。駐車場には結構停まっており、玄関へのアプローチはかなり人が並んでいた。正直それほど大きな期待はしていなかったのだが久しぶりに感動した。横で見ている人のため息と驚きの息遣いが聞こえてきた。東急と保木氏の関係、用地の販売などの経緯は不明だが、良くぞここにすばらしい美術館を建ててくれたと思っている。ちなみに火曜日休日である。私お勧めの美術館である。

湘南・日向岡 （開発主体企業—東急電鉄、中央商事）

所在地	神奈川県平塚市日向岡
交　通	ＪＲ東海道線「平塚駅」4km　バス便 小田急線「鶴巻温泉駅」5km　バス便
面　積	37.4ha
戸　数	1200戸
販　売	昭和62年（1987）
手　法	土地区画整理事業

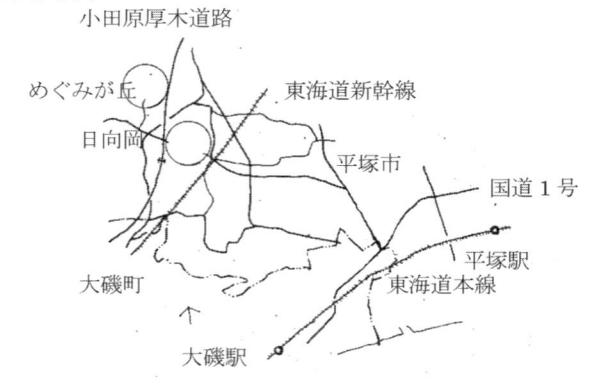

　当地区は、東京急行電鉄と中央商事（日立グループ）による住宅地開発である。東京から約55km圏である。

　地区は、東海道新幹線と小田原・厚木道路に挟まれ、小田原厚木道路料金所の横である。地形は1つの小高い山で高低差が30～60mある。周辺は豊かに広がる田園地帯で、周囲から良く見える形態を成している。新幹線の下りで右側（北側）の車窓からその特徴的な街並みが望める。

　地区最大の特徴でありハンデキャップは地形条件にある。中央部の学校用地を頂点に4周は全て斜面地である。一山の地形を造成したができるだけ地山を残すため道路は全て勾配道路で、途中のフットパスは全て急な階段である。地区内の移動ですら自転車はあまり使えず、歩行も辛いものがある。関連調査で湘南の坂の多い街で住民の方に伺うと—若く元気なうちはいいのですが歳を重ねると辛くなり、雨や雪の日は買い物も億劫になる—という。買い物、通勤、通学でも車の利用が必然となってしまう。造成中の現場を夏の暑い日に行ったことを思い出す。しかしそのときひらめいたテーマは、「見る、見られる」であった。相模湾、富士山、丹沢山塊と四周遮るものが無い。殆どの住宅から雄大な眺望が楽しめる。しかし一方周囲からも街並みが見えてしまうため、特に意識したのは平塚の中心部からと新幹線車窓からであった。このため参加した建築家の人との検討で、切妻を正面にした独特のファサードをデザインし、色味も湘南らしさをテーマに明るい爽やかなパステルカラーでまとめた。

　1つの宅地内に2段宅地が多数造られた。このため一見区画道路間に2宅地なのに4宅地あるように見えてしまう。北側道路に面する宅地は、2階に玄関を設け屋内で下の階に下りるプランとなりリビングは2階に設けた。南側道路に面する宅地は、さらに激しく、玄関へのアプローチが階段となり3～4m上がり玄関に至るプランとなった。計画を練るときは素造成が進み擁壁だらけのところでその立体感、段差処理、ライフサポート、魅力付けなどを考えると悩み多き計画であった。

　商品企画と販売は東急不動産が担った。私も不動産の担当者と提案、協議を重ねた。当地区を湘南と言っていいのであろうか、セキュリティーシステムはどうするか、電話、パソコンの活用はできないか、擁壁に手すりをつけたらどうか、門周りにベンチを置こうなども考え検討した。

いくら眺望が良くても、駅からは遠く、坂の多い街では売れないのではとの不安が募った。価格設定でも電鉄と不動産は大きくずれていたようである。結果価格は電鉄の高値で出した。売れ行きは割と良く順調に売れた。難儀した宅地も多数在ったようだが完売した。その後一部法面として残しておいたとこに斜面形マンション「コートヒル」を作り売り出した。これも大きなテラス（リビングテラス）を魅力付けにして完売する。さらに東側で戸建てを10戸ほどつくり完売して当地区の街づくりは終了する。

　足掛け20年近い。新幹線の車窓から望むたび懐かしく思う街である。

　その後小田厚道路の反対側に「めぐみが丘」という住宅地が進められた。この計画にも参加する機会を得て、「日向丘」のその後を見聞きする。めぐみが丘の顧客に日向岡からの買い替えの人もいると聞いた。めぐみが丘は比較的平坦で眺望性は劣るが、生活しやすい街で高齢化したときのことを考えると不安になったのであろう。

　頂上部の高台には中学校が設けられ、一部が住民の施設となっている。商業施設も設けられたが今は活気も無く閉鎖の方向かもしれない。しかし街のいたるところから雄大な相模湾と富士山、丹沢（特に大山）山塊の眺めは得がたいものがある。

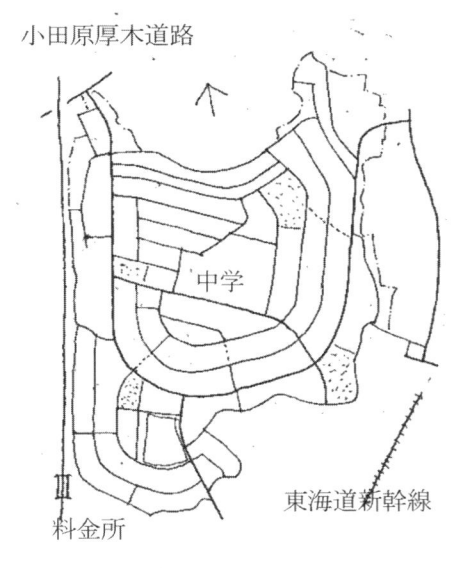

佐倉染井野地区 （開発主体企業―東急不動産、大林組）

所在地	千葉県佐倉市染井野
交　通	京成本線「京成臼井駅」徒歩20分
面　積	110ha
戸　数	2300戸
販　売	平成3年（1991）分譲開始

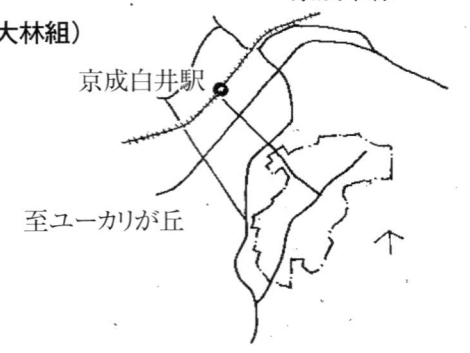

　地区は東急不動産と大林組が共同開発した。当地区は千葉県北部の北総台地の中央部で、東京中心部から40km圏に位置する。

　佐倉市は昭和29年（1954）成田市とともに市制が敷かれた。印旛沼と連帯する西部調整湖（ここも印旛沼とも言う）に近く、原始より人が住み多数の遺跡が発見されている。そのためか市内には昭和49年（1974）創立、昭和52年（1977）開館の国立民族博物館が設置されている。室町期には千葉氏が納め、江戸期には酒井氏、土井氏、堀田氏など徳川の雄藩で、幕府の要職を務めた家系が治めていた地域である。明治4年（1871）の廃藩置県では佐倉県となり印旛県となり千葉県となる。明治6年（1873）の近代軍政創設期の連隊が置かれ城下町として軍隊町としての歴史を重ねた地域である。

　鉄道交通は、東京―千葉―銚子を結ぶ総武本線（明治27年市川―佐倉間）と上野―成田を結ぶ京成本線（大正1年一部開業）が通る。道路では、千葉県北部地域を東西に横断して水戸市、館山市に至る東関東自動車道路で都心部と結ばれている。鉄道で都心部へ50分程度、成田空港へ20分程度の時間距離である。

　山万のユーカリが丘は1つ上野寄りの駅である。臼井駅からは徒歩で12分（地区入り口）、巡回するバス便もある。地区は、臼井駅とは朝は下りで、帰りが上りとなる。

　何故この2社が共同開発した後、名称を変えて別事業、別団地としたのかは不明である。地区の名称も変え、ゾーンも明確に分け、販売事務所も別にし、互いのパンフレットに一方の社名は全く記されていない。2社の区分面積は1/2で各々55haである。昭和45年（1970）ごろ開始し、平成2年事業着手している。平成7年（1995）まで数10期に分けて分譲している。2社の区分は大林が主に北側、東急が南側のゾーンで、地区の地形は、20mほどの高低差の地形であったが縁辺部にしわ寄せし主要部は平坦にならされている。地区内を歩いても一部を除いて大きな高低差はすくない。敷地は南北に長く、凹凸のある形状で周辺部は既存の緑で囲まれている。臼井駅からのメイン道路が「くすのき通り」で幅20m、地区全体の交通軸となる幹線道路が「しらかし通り」で幅16m、サブ幹線が「ゆりのき通り」で12mである。「しらかし通り」と平行して南北の生活軸となる歩行者専用路が幅3mで南北に途切れることなく縦貫している。細街路は、幅5mで街区形状はU字型で歩行者専用路を切る箇所をできるだけ少なくし安全性を高めている。

　しらかし通りに沿って東側のゾーンには幼稚園、染井野小（平成11年開校）、臼井南中学（平

成7年開校）、地区センター、地区公園、調整池など生活施設用地が並んで設けられている。土地利用は、110haの内宅地は約45.83ha（約42%）、公園緑地は、約7.8ha（約7.1%）である。公園は、中央部は七井戸公園（地区公園）が4.6haで既存の地形、緑を活かして設けられている他街区公園が適宜地区内に配分されている。地区センターには、平成10年（1998）イトーヨーカドーがオープンし、平成12年（2000）ケーヨーD2のオープンでセンターの形成を成した。しかし平成21年（2009）イトーヨーカドーはクローズし、翌年ヤオコーマーケットプレイスがオープン、個店も数店設置された。

みずきが丘（東急不動産）

面　積	55ha
戸　数	1150戸

　コンセプトは、生活様式の美学として「21世紀の生活スタイルと新しい住まいのあり方を提案する」としている。このコンセプトに基づき商品企画で提案され具体化された。建物のファサード、門周りやフェンスなど外構のデザイン仕様、インテリアの仕様に特徴を持たせている。各住戸にテーマ性とネーミングで個性を持たせ、差別化を図りユーザーの嗜好を沸かせ魅力化を訴求している。

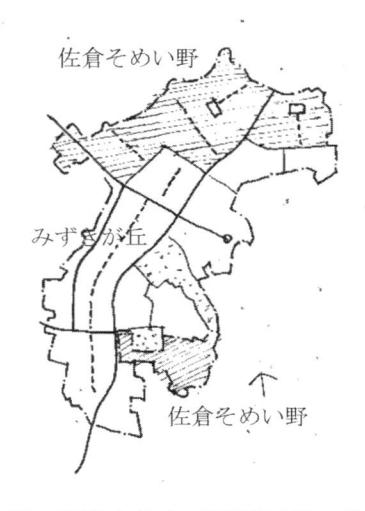

　この時代の街並みや住戸のデザインは、統一性がまだ主流で、細い街路を挟んで両側は統一性を保つのが当たり前で、建物のプランは全戸変えてもファサードや外構には統一性を持たせる傾向が強かった。事実東急は他の地区ではまだまだそのセオリーを守っていた。しかしみずきが丘では、思い切った商品化を進める。これは同時に進める他の開発との社内競合での差別化戦略であり、同沿線での他社との違いを色濃くするためであったと思われる。また社内での担当者の違いや商品のマンネリ化を避けるためもあろう。しかし個別に変化を付けても全く自由ということではなく、門柱の高さなどの寸法、門扉の大きさ、フェンスの基本仕様や寸法、植栽の基本仕様、道路からのセットバック寸法など基本的仕様は統一している。門柱のデザインやフェンスと建物ファサードは色味、仕様などのデザインは統一感を出し一体感を持たせている。

　　FOLKLORE（フォルクローレ）：北欧調
　　CLASSIC（クラシック）：正統派
　　MEDITERRANEAN（メディテラニアン）：地中海風
　　POSTMODARN（ポストモダン）：新個性派
　　NATURAL（ナチュラル）：伝統性、和風

建て売りでの配置では、5つのタイプを平均的に置いたのではなく売れ商品（人気度）を想定して適宜配置した。さらに何期か売り出し修正していった。どのタイプに人気があったかは確認していない。この5つのタイプとは別に東急ホームの北米輸入住宅ミルクリークも配置している。

佐倉そめい野（大林組）

面　積	55ha
戸　数	1150戸

　コンセプトは、「邸苑都市」とし、「暮らしが響きあう街」「憧れを誘う風景」「庭園となる街」などを掲げている。大林は建設会社であるが自社の住宅商品は無く、開発と土地売り主。建物の建設と売り主は、野村不動産（野村ホーム）、殖産住宅、木下工務店、積水ハウス、細田工務店の5社である。いわゆる共分譲方式である。大林は商品化に当たり、第1期の分譲街区で、宅地を100坪以上の大型を採用し、建物、外構を純和風で統一した。極めてリスキーな商品である。全国的にみても純和風住宅地の事例は極めて少ない。理由はいろいろあるが必ずしも人気は無い。顧客は日本人であるから憧れや郷愁から理解はされるが自分で買い住もうとする人は少ない。飲食店のようにたまに触れたり体験するには喜ばれるが日常の生活からは離れている。注文住宅ならまだしも建て売り住宅では危険な企画である。何故大林が純和風の商品化に踏み切ったのか。それは、共同開発した東急との差別化であり、まともに競合しても負けてしまうということから東急がやらない路線に活路を求めたと聞いている。結果相乗効果といえることが起こったようである。協調、共同で商品化したら商品バラエティに欠けていたものが、価格帯、宅地規模、建物

規模、商品テースト、立地性など幅が広がった。

　第1回の売り出しは2社同時で平成3年3月であった。顧客は2社別々の広告、案内、ＤＭなどで知り集客され訪れた。来てみれば2社の商品が並び選択性が増えていた。

　大林の和風街区は専門家も見学に多数訪れ話題を呼んだ。本御影石で統一された外構、統一された仕様の門周り、地被類と生け垣に統一された植栽などで街並みの基本が出来上がっている。建物は住宅メーカーの質の高い設計と仕様で仕上げられ、まちづくりのテーマ、コンセプトに対応した高質な商品化が出現した。大林の事業地内の街の顔となった。

　しかし大林は、純和風街区は初期に供給したが何期も続けたわけではなく、主要商品は一般的標準的商品であった。宅地も60～80坪にまとめられている。初期から和風街区とあわせて分譲されている。和風街区は表現が悪いがいわゆる「客寄せパンダ」である。また公園、歩道など一部の仕上げ、仕様ではインターロッキングなどの2次製品でなく本石を使うなど東急のそれとは差別化している箇所がある。

　平成3年から7年にかけて販売を重ね概ね完成する。平成3年千葉県から「千葉街並み景観賞」を受けた。平成12年（2000）地区人口6,248人、世帯数1,842世帯が平成22年（2010）7,000人、2,356世帯となっている。計画区画数約2,300に達している。また入居時、ＣＡＴＶ加入金65,000円、町内会設立基金20,000円、緑化維持基金150,000円と環境維持に対応した手当てはされている。初期入居時より約20年近く経てきた。平成23年3月末緑化協定が期限切れとなる。問題なく更新されたことであろうが確認はしていない。

季美の森 （開発主体企業―東急不動産、エル・カクエイ）

所在地	千葉県山武郡大網白里町季美の森南・東金市季美の森東
交　通	ＪＲ外房線「おおあみ駅」　駅から3km　バス便
面　積	197.2ha　内大網白里側 74.1ha　東金市側 34.1ha 内宅地 108.1ha（54.8％）　ゴルフ場 89.1ha（45.2％）
戸　数	2650戸
販　売	平成5年（1993）分譲　ゴルフ場オープン

　当地区は、東急不動産とエル・カクエイが共同開発した住宅団地である。平成2年（1990）に造成着工した。日本初のゴルフコミュニティーの住宅地である。東京より50km、千葉市中心部より18km、九十九里浜までは南東13kmである。道路は、京葉道路千葉東ＩＣから分かれた千葉東金道路の山田ＩＣから1kmである。通勤は、東京へは外房線の快速利用（総武本線経由）で63分、新宿へは77分である。ドアツウドアで1時間30分の時間距離となる。

　地区は当初角栄建設（後エル・カクエイ、近年倒産）が買収取得した地区であった。買収の年代は不明であるが、東金レイクサイドヒルの買収に近い昭和50年代と思われる。東急では当時大網山田地区と称していた。昭和57年（1982）の検討会議には角栄建設の担当者も参加していた。大網山田地区は、東急に70％売却し、その資金で東金レイクサイドヒルの事業に着手したと言うことを聞いた。事業はこのまま7：3で2社の共同開発として進む。当時のマスタープランは現在のものとは全く違う。地区内に循環された新交通システム（モノレール）の路線が大網駅から地区内を結ばれていた。当時の流行だった。角栄建設創立者の角田式美の発案であろうか。ちなみに新交通システムを実現したのは山万のユーカリが丘のみである。造成前の地区は深い谷が2本、尾根が数本あり、キャラバンシューズを履き歩き回った。谷には小規模ながら畑地と小川が流れ、名産だった山武杉と自然林が豊かな自然環境を形成していた。

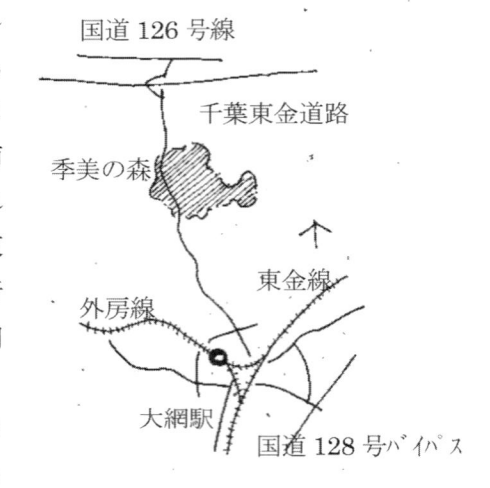

　計画の主導は東急に移り、東急は大変更をする。一部の差し替えではない大変更には相当苦戦したようである。ましてや別荘地ではなく一般住宅地開発でのゴルフコースと住宅地の複合開発は事例がなく行政側も苦慮したであろうことは想像できる。当時の東急の担当部長がその心労であろうか会議の席で倒れ、急死したことからもうかがえる。

　この複合開発は、地域には住宅地開発予定が多数あり、千葉寄りには住宅公団を中心としたあゆみ野、ちはら台という超大規模開発、自社のあすみが丘、三菱地所のみずほ台、伊藤忠不動産

のみどりが丘、日本新都市開発のみやこ野、角栄建設の東金レイクサイドヒルと膨大な供給量である。また、駅からは3kmと離れ、バス便であり、駅からは上り坂である。これも大きなハンデキャップである。

　しかし東急は、過去千葉勝浦で東急リゾートタウンを実現している。ここは勝浦東急ゴルフコースを中心に別荘地を組み合わせた開発であった。別荘地としては各地でその事例をみることができる。この勝浦地区ではコースから別荘の建物が並んでいるのが景観の特徴となっている。

　私も担当者とわざわざカートに乗りコースを走った覚えがある。またこのようなケースは、アメリカの西海岸地域に多く見られ、それも参考にしたのであろう。日本初のゴルフコミュニティーによる差別化を図った戦略的発想である。尾根の上部をカットし谷を埋め、切り土で地盤の良い尾根部を住宅地とし、盛り土の谷部を埋め住宅地より低く谷状に残した部分をゴルフコースとして仕上げた。その結果、手の平状の土地利用形態が生まれた。指が尾根で、間がコースである。何度かコースを回ったがクラブからスタートして住宅地を見上げながら回るコースは住宅地の脇を一巡するコース設計である。

計画内容

　造成された尾根状に幅員25m、20m、16mの数本の幹線道路が通る。中でユニークなのは道路の歩道部の幅を変えていることである。一方は6～7mで仕上げ仕様は緑道で、歩路部はゆるやかな曲線で、その両側には緑地帯が設けられている。本来機能性第1の道路の歩道が散策路となっている。樹種やその配置も自然風味を持たせ、量的にも豊かで歩いていても大変心地よい。車道を車で走行していてもゆるやかなカーブと緑地やリゾート感を形成している。一方の歩道は2mほどで極一般的な仕様である。

　オープンスペースは、ゴルフコースを加えると地区の半分の印象である。公園は、近隣公園2ヶ所、街区公園10ヶ所が適宜配置されている。生活施設では商業施設は無く大網駅周辺の既存の施設利用となる。施設としては、郵便局、銀行、消防署、コミュニティーセンター、集会場（4ヶ所）、コンビニエンスストアー、スポーツクラブ「コメスタ」などがある。教育施設は、幼稚園、保育所、季美の森小、中学校用地がある。ゴルフコースは、18ホールでトーナメントも開催されている。コースのエッジに見える住宅地はフェアウエーフロント住宅で、宅地は200坪前後の大型宅地と高質な住宅が配置されている。有名人も何人か居住している。この住宅地とコースの造成、配置、距離には苦労があったようで、ゴルフボールが打ち込まれないようにと素造成の段階でかなりな人と数の試打がされたという。─それでも多少庭に打ち込まれることがある─とも聞く。

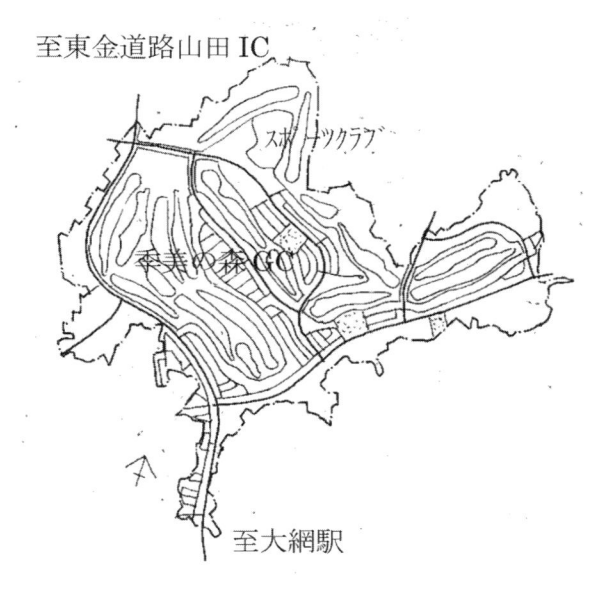

販売上住宅の購入者への得点としてゴルフ費用の割引などもあるようだがどうも商法上の問題があり分離しているとも聞く。未確認事項である。一般住宅街区での商品化でも各種特徴を持たせている。「アメリカンテースト」「カナディアンテースト」「グルノーブル風」「プロヴァンス風」とユーザーの購買欲をそそる商品を用意した。外構もオープンで明るい印象で統一している。街全体が緑豊かで、快適なリゾート性をかもしている。
　平成11年（1999）に「ヴィー・ナチュレール」という20区画ほどの街区での商品化が、（財）住宅・建設省エネルギー機構より、日本初の「環境共生住宅団地」に認定された。集合住宅での認定が殆どの中で唯一の戸建て住宅地での認定であった。このおかげで季美の森はテーマである環境共生、自然共生のシンボルとなった。
　平成5年の第1期の販売から10年ほどでほぼ完成し、18年を経て街は緑豊かなリゾート感あふれる住環境を形成している。当初のコンセプト、事業目的は達したと言える。

4章　主要な住宅地開発（2）

コモアしおつ（開発主体企業―積水ハウス、青木建設）

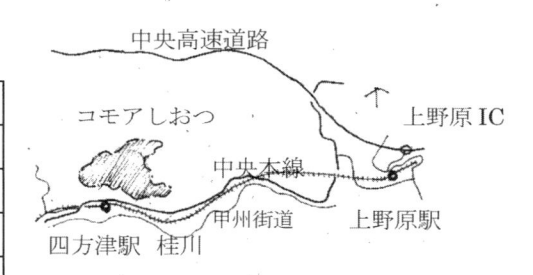

所在地	山梨県上野原市四方津
交　通	ＪＲ中央本線「しおつ駅」斜行エレベーター、徒歩
面　積	80.2ha
戸　数	1730戸
販　売	平成3年（1991）

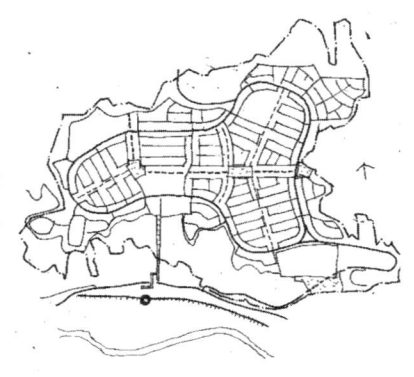

　上野原市は、平成17年（2005）市となり平成23年（2011）人口26,700人の山間に広がる山梨県東端部の行政体である。東京から84km、新宿から74km、八王子から27km、大月まで14km、甲府へは60kmの距離関係である。新宿から特別快速利用の最短時間で65分、八王子から30分、甲府へは1時間20分の時間距離である。

　中央本線は、明治22年（1889）甲武鉄道として新宿～立川間に敷設、営業開始し、明治37年（1904）飯田町（現飯田橋）に延伸した。東京から名古屋までで、全線の開通は明治44年（1911）、明治39年（1906）国有化し、四方津駅の開業も明治43年（1910）である。

　道路は、国道20号、甲州街道と中央高速道路で、甲州街道は鉄道と並んで通り、中央高速は、地区の北方2kmの山間部に平成1年（1989）開通した。ＩＣは4kmほど八王子寄りの上野原ＩＣで、高井戸から50kmである。談合坂ＳＡは市内で地区の北方にある。上野原市の中心地区は、1つ手前の上野原駅と上野原ＩＣの北側の開けた谷戸部に形成されている。地区とは約3.5kmの距離である。

　地区の開発は、山が迫り狭隘（きょうあい）な尾根部の上部に建設された街である。谷戸部に桂川が渓谷状を成して流れ、鉄道と道路が接するように山裾を通り、わずかな平地部に駅が設けられている。駅北側の一山の上部をカットして平地を作った。駅からの高低差は約88mである。造成が終わったころテレビ各局で放映された。空からの造成地は造成に見慣れている私も目を見張ったことを覚えている。20年以上も前のことである。

　当時のマスタープランには何箇所かに集合住宅ゾーンが明記されているが、現在全て1戸建て住宅である。2社の共同事業の経緯は分からない。当時ままある組み合わせで、ゼネコンがデベロッパーに持ち込むケースが多いようである。当地区も青木建設が積水に持ち込んだものであろうが、そのタイミングはかなり早い段階であろう。造成開始は、昭和62年（1987）である。

　地区への車の動線は、地区の東側で甲州街道からＳ字状に大きな段差を上る道路がメインアプローチ（取り付け道路）である。このアプローチ道路は、住宅地内の幹線道路と結ばれる。一方西側には幅6mの道路で外部の県道と結ばれ、サブアプローチとなっている。地区内幹線道路は

— 153 —

両側歩道付きで9.5m幅で、地区内を大きく緩やかにカーブをしながらほぼ外周に近い縁をループ上に通っている。住宅地の主要部はこのループ内に内包されている。

　四方津駅から甲州街道沿いに2分ほど歩くと巨大なガラスのチューブが甲州街道をまたぎ、斜面に横たわっている。コモアブリッジである。―国道をまたぐ―とはとんでもない発想をしたものである。よく許可が下りたものである。どのような交渉、説明、約束を取り交わしたのか興味のある所業である。

　地区を有名にした名物の斜行エレベーターのドームはこの街のシンボルでもあり、顔であり足である。階段を上り、橋を渡ると下の駅舎に着く。駅舎から中を見上げると斜面を登る長い階段とエスカレーターと2基のエレベーターの壁がガラスの屋根に覆われて望める。段差88mの斜面を上下する歩行者の動線である。静かで安定感があり、不安感は無い。
「動き」は無人であるが専従の警備員が常時見回り、点検をして利用者の安全性を保っている。開発主体ではこの機能が絶対的条件であったであろう。駅から歩いての上り下りは不可能である。エレベーターで4分、エスカレーター8分で至れる。

　上の駅に着くとそこは地区のセンターゾーンでスーパーマーケット等の商業施設ができている。施設の間を通り地区内に出る。出た正面は幹線道路で、インフォメーションセンターの大きくシンボリックな建物が見える。販売事務所である。

　コモアブリッジの具体的な維持管理は未確認であるが、物件概要を見ると、入居時に一時管理費で100万円／戸、毎月の管理費が1万円／戸であるため、この多くがブリッジの維持管理に充当されていると思われる。また事業主体側や施設者もかなりの費用を注いでいると考えられる。また下の既存の住民がスーパーなどの買い物で利用するため何らかの負担をとの議論もあったと聞く。利用時間は早朝5時から深夜1時半までと長時間可能となっている。中央本線の新宿発最終電車は23時45分で四方津駅着が0時54分である。

　縁辺部に緑地、地区内の公園などオープンスペースは豊かである。一周2.7kmのループ状幹線道路の内側に2ヶ所、外側に2ヶ所の公園が配置されている。地区は大きく4つのゾーンに区分されている。西側を「ウエストコム」、中央部を「センターコム」、東側を「サウスコム」、外周道路外側に数ヶ所集合住宅ゾーンとなっている。公園は、このゾーンの間に「風のこうえん」と「時のこうえん」が置かれ、外側に「石のこうえん」と「スポーツのこうえん」が配置されている。さらに3つの公園を「こうえんみち」と称する緑道が結んでいる。

　緑道は地区の中央部を東西に横断している。歩行者の安全な動線機能、潤い空間、緑の景観軸、コミュニティーの空間を形成している。歩いていても心地よい空間である。また街区の道路は、この緑道となるべく交差しないように工夫されている。幹線のループ状道路から一皮内側にコレクティブ道路（集約道路）を設け、各宅地の生活道路となる街区道路をUの字状に設けている。これは不要な通過交通の進入排除、最小単位のコミュニティーの形成を高める効果もあり先の歩行者動線の切断を無くすパターンでもある。

　宅地の面積は大きく、70〜80坪で、一般的には大型と言われる規模である。建物は、40坪前

後4LDKでこれも建て売りとしては大きい。地区の東端部には平成5年（1993）四方津小学校が開校した。第1期分譲から2年後である。この立地条件では、平成3年からの売り出し以来けっして順調とは言えない状況もあったと思われる。ゆっくりではあるが完成して行った。特に近年（平成18年頃）は、ループ状道路の外側の集合住宅用地数ヶ所でユニークな商品化が進められた。1つは、西北のスーパーブロックで75区画の「トルコパルク」と称する商品である。「人と自然」「人と人」をつなげることをテーマに、エコとコミュニティーを追求した緑豊かな新しい発想の環境を創出した。

　簡単に説明すれば、通常のように建物の配置を敷地ラインに平行に置かず、雁行させ、生まれた四周の空間が本来なら三角の小さなヘタ地となるが、このスペースに計画的に植栽をしていく。宅地の境界には塀、フェンスなどは設けない。建物の内から見える緑は我が家と隣近所のもので、お互いに視覚的共有をする。

　その結果、ボリューム感のある緑の視覚的効果、夏の通風上気温を下げる効果、暑い日ざしを和らげる効果、冬の冷たい風の遮断などエコ効果を発揮する。また住宅のプランや開口部の開けかたも通風や採光を十分配慮しその効果性を考える。結果夏の室内の気温や湿度は下がり、冬の気温は高まりすごしやすく、エネルギーの損失を減少させた。緑を単に建物を美しく見せたり、街並みに視覚的効果を図った配置や樹種選定でない新たな意味を持たせた。無論問題もある。継続的かつきめの細かい維持管理を街区全体で続けねばならない。ほっておけば薮とかし逆効果になる。1戸1家族だけの問題ではない。

　他にもループ状道路の外側のブロックでの商品化で、国土交通省の「超長期住宅先導的モデル事業」に選出された街区もある。これらの商品は、当地区の遠郊外性、緑豊かな環境、大きな宅地規模など立地や条件を活かしたための工夫が生んだ結果である。一方住宅のマーケットの落ち込み、変化で残地の供給が止まりこれまでのような商品では販売は進まないであろうとの危惧から生み出された商品であるかもしれない。

　当地区は16地区に分けられた建築協定が締結されている。「コモアの風」という自治会組織が設けられ、「コモアウエルネス会」という健康的生活の維持、増進倶楽部が置かれ、都市部から離れ一見小島のような住宅地の生活を支え自立した街といえる。

湘南めぐみが丘（開発主体企業―東急電鉄）

所在地	神奈川県平塚市めぐみが丘1丁目（旧五領ケ台）
交　通	地区南方約5.6km東海道線「平塚駅」 北方約5.4km小田急線「伊勢原駅」 平塚駅より神奈中バス「湘南めぐみが丘行き」約18分
位　置	東京都心より50km圏域、平塚駅には約1時間の時間距離
開発面積	約37.6ha
計画戸数	約1000区画
事業主体	平塚市五領ケ台特定土地区画整理事業
事業年度	仮換地指定平成12年（2000年）

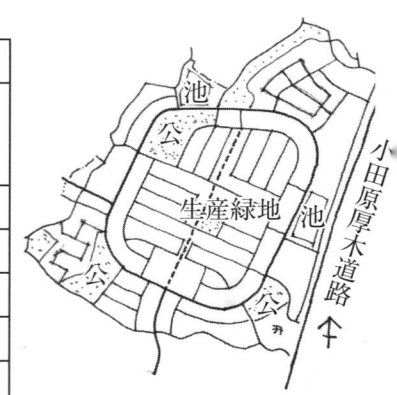

　平塚市は、南に相模湾、北に丹沢・大山山塊、西に富士・箱根連山が眺められる。市の東端を相模川が流れ、市内には金目川など数本の河川が流れ、肥沃な地質を形成している。相模平野に開けた地域で、五領ケ台などで縄文遺跡・貝塚が発見され古来より居住に適した地域であることが伺える。中世は、北条氏の領で、現在も県下では有数の米の産地で、野菜栽培も盛んである。江戸期の東海道53次の江戸から7番目の宿場としても栄えた。明治20年（1887）東海道線が開通し、近代の中核都市として発展していく。昭和7年県下で横浜、川崎、横須賀に次いで4番目に市制を成した。昭和32年1市7村が合併し現在の市域ができた。内陸の豊かな農業、相模湾の漁業、相模川沿いの工業、駅周辺の商業集積と発展していく。太平洋戦争時には海軍関係の工廠が多数ありこのため昭和20年（1945）平塚大空襲があり甚大な被害をこうむった。

　2010年現在の人口は約26万人で毎年7月に開催される「湘南ひらつか七夕まつり」は有名で毎年集客性も高く人気がある。また平塚市は、教育施設の量からもその中核的都市で短大を入れた大学は4校、県立高校は7校も存在する。

　道路交通は、海沿いに国道1号と西湘バイパス（1号のバイパス）が東西交通軸で、南北の内陸へのルートは、厚木と結ぶ国道129号が相模川沿いに通り、市の北方伊勢原市を通過する東名高速道路の厚木ICと小田原を結ぶ小田原厚木有料道路（国道271号）が市の西部を通り広域のルートとなっている。めぐみが丘地区は、この小田厚道路に面している。道路を挟んで当地区より20年前に開発された「日向岡地区」が位置している。

　私は昭和60年（1985）日向岡、平成14年（2002）めぐみが丘の計画に参加した。当地区は、日向岡同様東京急行電鉄が先導して開発を進めた。東急の用地買収がいつ頃から進められたのかは未確認であるが、108人の地権者の大口地主として開発にあたった。地区全体の内東急所有分は約18.38haで48.8％と半分近い面積である。平成7年（1995）組合設立とあるためその数年前にスタートしていることになる。

　平成12年の仮換地指定後平成14年に組合を解散し第1期が販売開始した。区画数は約1,000区画で内東急分が約700区画であった。集合住宅や研究施設用地もあったが、その後戸建て住宅

地に変更され最終的区画数は未確認。土地利用では、ループ状の地区幹線道路の内側は全て1戸建て用地で、幹線道路の外側に一部戸建てとともに、集合住宅用地、商業施設用地、産業研究施設用地が取られていた。数年前の状況では商業用地以外は戸建て用地に変更して売り出していた。

　掲載した全体図は第1期の販売パンフレットの図に見るように地区内には大きくループ状道路が通っている。幅員15mの両側歩道付きの地区内幹線道路である。外部からの取り付けは南側からと西側からが15mで、東と北は細街路で結ばれている。地区中央部に南北には、幅6m、長さ約430mの歩行者専用道路が設けられている。生活軸となる歩行者専用道路で、道路と2ヶ所交差しているのみで歩行者の安全が保たれている。公園が4ヶ所と中央部に生産緑地が置かれている。ここは中央公園と合わせ地区のオープンスペースとなっている。残された経緯は確認していないが、いわゆるクラインガルテン（貸し農園）ではなく地権者の農業従事者が農地として継続している土地である。手入れも良く、異質感はなく街になじんでいる。

　計画では第1期の販売開始を目指し、街区の選定、商品化の方向、テーマ、デザインなどの計画に着手し販売戦略、マーケット想定、街並み、外構、建物と多くの専門家が参加した。建物の企画、設計、施行は東急ホーム、東急建設が担当した。地区の立地的マーケットは厳しいものがあった。都心部からの距離、駅からのバス便などはハンディで果たして集客可能であろうかと不安がつのった。計画作業中にも東急所有地以外の宅地は販売され、家が建ち始めてきた。意外と近在の勤務地の人たちであった。大学関係者もいた。

　第1期の商品イメージが今後の話題や人気を左右する。検討会議での提案で出された「ソーシャルリビング」の考え方をつめることにした。これは、既に以前から意識されてきた道路を挟んだ両側の宅地をもって街区とし、街並み計画をすすめるもので、さらに徹底していこうとする考え方であった。第1期の建て売り分譲対象街区として選定したところは、地区の中央部で、中央公園に隣接した40区画ほどのところであった。区画道路は東西軸（面する宅地は南入りと北入り）6mの直線道路である。両側の宅地はやや北傾斜で背割り部に段差がありささか条件は悪い。宅地規模は210㎡（64坪）と広めで、北入り宅地の奥行き寸法は長かった。

　一般的に東西軸街区の南入り宅地では外構の緑が街並みに効果をかもし、北入り宅地は緑が少なく建物が道路に迫り裏の顔で形成される。結果道路沿いに裏と表の顔が並び景観的にはまとまらない。そこで両側とも表の顔を作り街並み景観の質を高め魅力化、差別化、モデル化を図ることにした。北入り宅地と道路の段差は1～2mと大きく一般的にその高さの擁壁が無機質に街に並んでしまう。そのために、北入り宅地では駐車場周り以外は擁壁を設けず出来るだけ法面と植栽で構成する。日照、採光を確保するためと圧迫感を無くすために建物配置を出来るだけ道路側に寄せることが一般的であった。それを思い切って庭先を4m取れればよしとした。建物を南に押し、結果道路側に5mほどのセットバック空間を生み出した。この空間に駐車場を設け後は斜面とし、斜面は下部に土留めは入れず道路にすり付け処理をして納めた。斜面が固まるまで心配であったが大きなくずれは無かった。以前やはり東急電鉄が静岡県裾野市で開発した千福NTで採用された造成手法で実証済みであった。またアプローチ階段も斜面に沿ってルーラルな仕

様、材料で作り景観になじむようにした。道路側の建物ファサードも開口部を大きくしたり2階をセットバックしたり、北側にサービスバルコニーを設けたりと北側らしくない（裏側らしくない）雰囲気でまとめた。結果道路を歩いていると6mの道路ながら、南入りの庭先と緑、北入りの法面（のりめん）と緑が豊かな空間を形成してきた。時々訪れて見ても、また住んでいる方に伺っても評価は良いようである。お互いに気になるせいか手入れも良く維持管理が成されている。販売も順調でその後のモデルとしての役を成したと言える。

販売戦略としては数戸のモデル住宅を完成させ、販売事務所に完成模型を置き来場者の理解と認知度を高めた。また販売前に計画説明会なるイベントを開いた。これは、新聞折り込みに案内チラシを入れ、土日に日に3回ほど商品説明をする会であった。

このとき東急の社員は説明せず、われわれが計画や設計の趣旨や考え方を説明した。販売事務所の小さなホールで、数組の家族連れの若いユーザーにした。結果当初に危惧したほどではなく、近在の事業所の勤務者、大学など学校関係者に人気があった。また隣の日向岡から段差や坂がきつく歳をとったら辛いからと買い替えてきた。

第1期等初期分譲が進む中、課題の多い南側の北傾斜度の強い街区の検討に入った。まともには商品化は困難でまさに擁壁だらけになるゾーンであった。しかしここも道路からのアプローチは階段できついが眺望、日照、通風は良く販売は進んだ。外部からの取り付け道路沿いには、街のゲート性を意識したやや質感の高い住宅を配した。

小田原厚木道路沿いの施設用地は戸建て用地となり、建築家が加わりポストモダン風の住宅が並んだ。日向岡に比べ目立つ地形ではないので新幹線の車窓から見えにくい。車窓から見ると日向岡の後ろの緩やかな斜面に住宅が並んでいるのが見える。

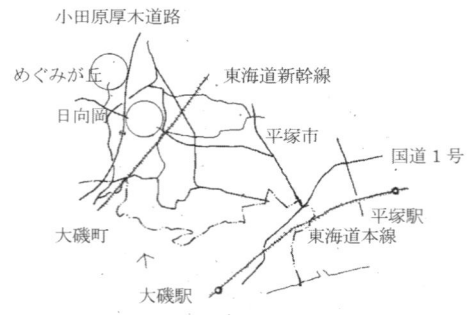

柏市田中地区・白井市西白井地区他（開発主体企業—ポラスガーデンヒルズ社）

ポラスグループ

　ポラスグループは、埼玉県東部と千葉県西部地域で住宅及び住宅地開発を専門に供給する準大手の住宅建設総合企業体である。会社は昭和44年（1969）㈲中央住宅社として中内俊三により創設されている。グループは中央住宅を中核とし23社で構成。研究所・技術訓練校・建売を専門とするデベロッパー数社、建築本体から設備・造園などの施工会社数社、注文住宅専門の会社等々、住宅事業全般に亘り殆ど網羅している。

　平成23年（2011）時の実績では戸建建売住宅が1,735棟、他注文住宅、賃貸住宅、マンション862棟で計約2,600棟である。これまでの累積は4万2,000棟となる。

　創業者の中内は、まさに立志伝中の人で先に記した東金レイクサイドヒルを開発した角栄建設の創業者角田式美に共通する印象がある。中内は昭和13年（1938）四国・徳島の北部山間地の豪農の家に生まれた。農学校を出て農業を継ぎ地域のリーダーとして業を成していたが昭和29年（1964）26歳のとき父母妻子に黙って家を飛び出し上京する。まさに星雲の夢を目指しての出奔である。東京では鶏卵の営業からバナナの営業そしてバナナの行商—トラックに積んで売り歩く—をする。昭和44年わずかな資金で住宅販売業を興す。31歳のときで、妻と2人だけの会社だった。以後毎年3倍の売り上げを成し4年目に不動産販売から建設部門を設け建売住宅の仕事に入っていく。10年目の昭和52年（1977）、売り上げが埼玉県内トップの建設会社となり急成長を遂げている。先年40週年を迎えた。

　また中内は南越谷の地に根ざし地域のために出身地の阿波踊りの開催を働きかける。第1回は昭和60年（1985）で現在は50万人の見物客が訪れる地域の一大イベントとなり日本3大阿波踊りと言われている。平成17年（2005）67歳で急逝する。星雲の夢はどこまで満たしたのであろうか。藤沢周平の小説「風の果て」の中に「風の果て足るを知らず」というフレーズがあるのを思い出す。

　ポラスガーデンヒルズ社（以下ポラスG）はポラスグループの建売住宅を専門とする企業の1社である。昭和59年（1984）設立された。松戸、流山、柏、船橋、鎌ヶ谷、白井などの地域を事業地としている。ポラスGの供給する住宅地はけして大きくはない。小単位の規模をこまめに商品化し特徴を持たせ事業化しある一定のエリアで供給している。そのブランド力は浸透し支持されていると言える。

　住宅地の供給は近年大規模な開発が無くなり小規模の形に変わってきた。大量供給のマスハウジングの時代が終わり個性的マルチハウジングの時代に入る中、ポラスGは地味だが確実な路線を歩んでいる。事業地も東京の近郊で、適度に都市的、ゆっくりと人口増加している地域、まだ田園性の残る住環境を保持している地域である。このエリアでは、若いサラリーマン層の主に1次取得層を顧客とし、東京への通勤も可能で、価格帯も取得可能な設定をしている。宅地は都市部に蔓延している20坪、25坪ではなく40坪前後を保持している。住宅も若い層に合わせた商品化を図り床面積も生涯暮らせる内容、規模を保っている。建材の大量仕入れ、グループ内での

プレカットや施工基準によるレベルの維持もされ低廉であるが質の高い商品提供の体制が進められている。用地取得から行政との関係、ユーザーの把握など地域の特徴的マーケット情報なくして成立しない事業である。これまでの住宅地開発のトレンドでは進めない時代のデベロッパーの有り様や役割のモデルと言えるかもしれない。

　以下に近年事業化した大小5地区の事例を紹介する。

柏市田中地区

名　称	ＴＸ柏の葉キャンパスⅡ
所在地	千葉県柏市大室町
交　通	つくばエクスプレス（ＴＸ）「柏の葉キャンパス」駅 歩19分 つくばエクスプレス（ＴＸ）「柏たなか」駅 歩16分
面　積	4180 ㎡
戸　数	22戸
宅　地	40坪～50坪
建　物	32坪～39坪
販　売	平成18年（2006）7月

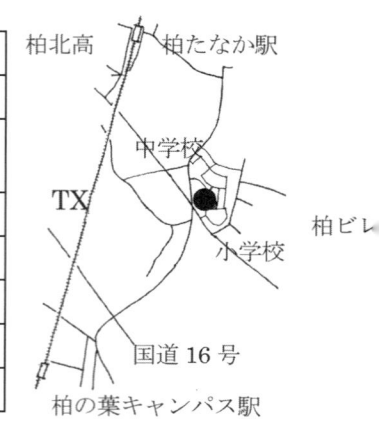

　地区は柏市の北西部で利根川まで約2kmの立地である。販売開始の平成18年はＴＸが開通した年である。また地区は先に記した東急不動産の「柏ビレジ」の西端部に接している。地区に至る道路も柏ビレジの道路を使うことになる。地区内道路もこの既存道路からＵ字状形とクルトザック形を組み合わせた線形で取り付けている。道路は5mと5.5mで、特徴のある舗装がされ道路全体が広場的印象を有している。地区奥の車返し広場に接し小公園を設ける。この空間は公園と道路と車返しの広場一帯となり約460㎡の空間が形成されている。通過交通も無く、不要な人も入りにくく、公園の緑もあり子供たちが安全に遊べる空間であり、地区のコミュニティー広場となっている。コンパクトだがまとまり感のある住環境を形成し、柏ビレジと一体化した街並みになった。

柏市逆井地区

名　称	木立の街 柏逆井
所在地	千葉県柏市藤心町
交　通	東武野田線「逆井」駅 歩8分
面　積	11780 ㎡
戸　数	73戸（内ポラスＧ 48戸、中央住宅 25戸）
販　売	平成18年（2006）12月

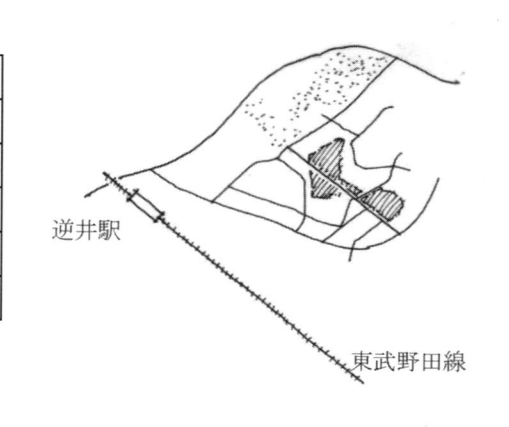

4章　主要な住宅地開発（2）

田中地区

逆井地区

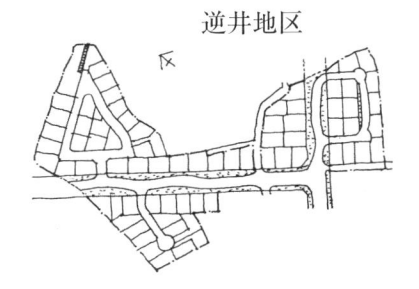

西白井地区

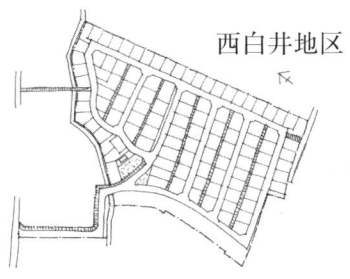

地区はポラスG社と中央住宅戸建事業部の協働事業である。

　全体の計画は話し合いながら進め宅地レベルの商品化ではエリアを分けて詳細設計が行われた。ポラスGは西南部と中央部で全体の2/3、中央住宅が南東部1/3を事業地とした。全体は図に示すように変形でかつ中央部を幅員16mの都市計画道路の計画線が通り、さらに地形的にも変化があるという難しい用地条件である。周辺は市街化されここだけが残されていた。地区をその地形、都計道との関係から4つに分けて小街区で計画、北西の三角形の街区はその地形に合わせ地区内道路を△形ループで配置。南西部の街区はクルドサック形を配置。南東部のかたまりは小ループ道路を配置。3街区とも不要な車の進入が少ない安全性の高い街区環境となっている。さらに都計道沿いに宅地を並べ、街の顔となる街並み形成が強調されている。この計画の際16mの道路が車道と歩道が単に通常の線形で設計されるのは味気ないと考え車道部に緩やかな曲線の採用を申請している。結果許可が出て16mの内6.5mが曲線となり結果歩道と緑地帯が変化したユニークな道路となった。この道路の延長で南東の街区でも同様の仕様形態を進める。

　結果並木通り、公園通りとして商品化した。ハンデキャップを逆手にとりむしろ生かした特長を持たせた住環境となった地区と言える。このような地形でも工夫次第で良質な住宅地になるモデルである。

白井市西白井地区

名　称	オージーコートビレッジ
所在地	千葉県白井市根字上町
交　通	北総線「西白井」駅 歩15分
面　積	29700㎡
戸　数	120戸
宅　地	45坪～66坪
建　物	32坪～42坪
販　売	平成18年（2006）12月
施　設	集会所

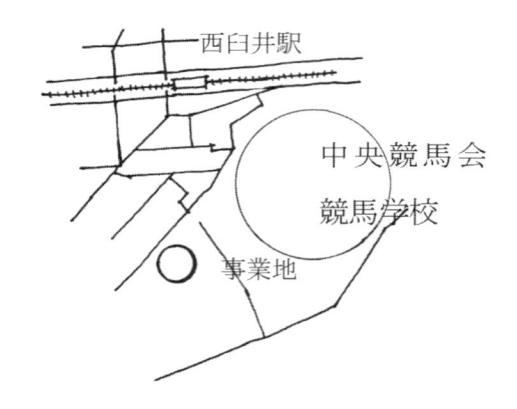

　地区は白井市の南端部船橋市に近く千葉ニュータウン（北総開発）の西端部に位置している。最寄駅はニュータウンの始まりの西白井駅から1kmほどである。北総線は千葉ニュータウンを貫く国道464号線に挟まれた広域幹線道路内に通り駅も道路内に設置されている。駅前は高層住宅が並び日常生活に必要な商業、教育等の施設は整っている。特に小学校は南側隣地といえるところにあり、北側にゴルフ練習場がある。駅までのアプローチは必ずしも良いとは言えない。特に夜の歩行は問題であろう。街灯の設置が望まれるところである。周辺は近年宅地化が進み始めているが独立性の強い位置、地形である。120戸とまとまった戸数は、一団の自立したコミュニ

ティー形成には望ましい規模である。既存道路からの出入りの箇所（取り付けヶ所）は1ヶ所でいわば大きな袋状の地形といえる。テーマはこのコミュニティー形成で、そのために事例はまだ少ない共有地でなく共用地の考え方を採用している。地区内道路は単純に並行型で通し、間の背割り部に幅2mの歩行者専用路（緑道、フットパス）が設けられている。面する宅地から1mずつ供出仕合う空間である。北入り宅地は庭側に緑道が通り、南入り宅地は背中に面し、正面玄関とは違う出入りが可能になる。住宅の裏的暗い雰囲気が無くなり明るく開放的空間が形成されるなどの利点が生まれている。道沿いの人達での自主管理となりコミュニティーが形成され顔見知りとなり安心が生まれ好評のようである。また当地区にはコミュニティー形成に大事な集会所が設置され住民で維持管理されている。

船橋市馬込地区

名　称	森に住む街船橋
所在地	千葉県船橋市馬込町他
交　通	「船橋」駅 バス13分 東武野田線「馬込沢」駅 歩18分
面　積	32650 ㎡
戸　数	88戸
宅　地	50坪～60坪
建　物	28坪～34坪
販　売	平成19年（2007）12月

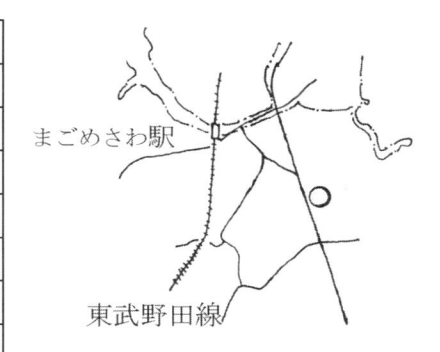

　地区は船橋市の北部で鎌ヶ谷市に近く船橋から我孫子へ抜ける主要地方道8号線（広域幹線道路）に面した緩やかな斜面地である。周辺部はまだ緑が多く残り、当地区は緑に囲まれている得がたい環境である。幹線道路からをメインのゲートとし地区を南北に通る歩道付きの幅10m道路を地区内幹線とし、生活軸とし東のゾーンと西のゾーンに分けそれぞれ通過交通の少ない道路パターンで構成されている。公園は小さく3ヶ所に分け配置しわずかな距離で至れる位置に配置。ゲート横にゲートパーク、高台に丘の上公園、既存の緑地に囲まれた森の公園となっている。丘の上公園からは地区全体が見渡せ、わが町のビュー（view）が楽しめる。隣には集会所用地が設けられている。

柏市篠籠田地区

名　称	ベルフィオーレ柏
所在地	千葉県柏市篠籠田町
交　通	「柏」駅 バス または東武野田線「豊四季」駅 徒歩圏

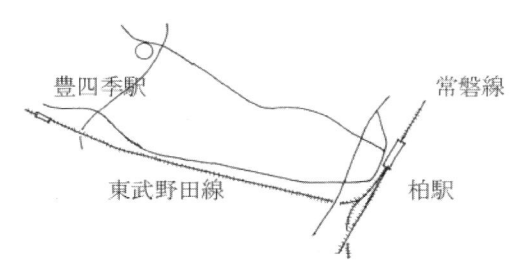

面　　積	8930 ㎡
戸　　数	47 戸
宅　　地	36 坪～50 坪
建　　物	30 坪
販　　売	平成 25 年（2013）1 月

　この地区は柏市のほぼ中央部に位置し鉄道、道路交通至便の立地である。周辺はまだ空き地も目立つが商業、教育、医療など生活施設は整っている。また地域の幹線道路からは一本入り込み騒音などの影響も和らいだ立地環境である。地区内は1本の長い道路から5本のクルトザック道路（行き止まり道路）が分かれたユニークな形態、線形で構成されている。車の出入りは1ヶ所であるが人の出入りは専用歩路が設けられ2ヶ所である。クルトザック道路は奥に直径12mの円形の車返し広場（路の広場）が設けられ、この広場は幅2mのフットパス（ふれあい小路）で結ばれている。路の広場とふれあいの小路と中間の道路内に設けた平坦なハンプは同質の明るい自然石乱形舗石が敷かれ一体化し無機質な道路にアクセントを与えている。また道路の角切(すみきり)を曲線にし、道路の曲線と広場の円形とともに景観を和らげている。このような形態で地区内は不要な交通の進入も少なく、環境の同質性やコンパクトさが一団のまとまりあるコミュニティーを形成していく。宅地規模も大きめで、変形だがユニークな形状の宅地もあり街並みに適度な変化をつくり、小路に適度に配置された植栽と宅地の植栽がやわらかい景観を形成している。

馬込地区

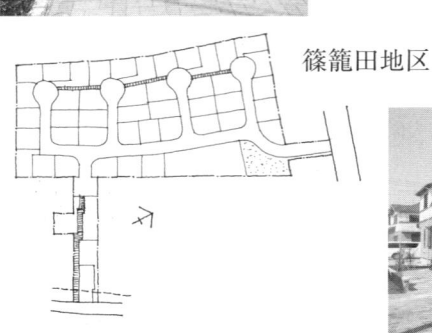

篠籠田地区

安中榛名（開発主体企業―ＪＲ東日本他）

日本国有鉄道

　ＪＲ東日本の前身となる日本の鉄道事業は、明治4年（1871）新橋～横浜間の開業に始まる。工部省鉄道寮が担当した。後工部省鉄道局、帝国国鉄庁、内閣鉄道院と改称されていく。めまぐるしく短期に変わり当時の混乱がうかがえる。大正9年（1920）鉄道省が設置され、戦前の日本で鉄道運輸行政を管轄した国家行政機関の1つとしてスタートする。太平洋戦争渦中の昭和18年（1943）運輸通信省に改組され、戦後の昭和24年（1949）運輸省鉄道総局管轄となり、公共企業体・日本国有鉄道が発足する。鉄道がこれまで国営事業として運営してきたのを独立採算制で経営することを目的とした。総裁は内閣が任命し任期は4年であった。また昭和39年（1964）には鉄道建設を業務とする特殊法人・日本鉄道建設公団が発足する。その後、高度経済成長、モータリゼーションの進展など運輸構造に大変化が生まれるが、国鉄はその変化に対応できず経営は悪化破綻する。昭和62年（1987）国鉄は解散し、全国を6ブロックに分け、6社の民間経営会社が新設される。貨物は全国ネットで別会社とした。さらに平成15年（2003）には公団もその役目を終え解散する。

ＪＲ東日本

　昭和62年（1987）3月31日に解散した国鉄は、翌日の4月1日に民間の新会社となる。ＪＲ東日本は、関連事業として民営鉄道が力を入れてきた沿線開発を進める。昭和58年（1983）に設立したジェイアール東日本住宅開発はマンションを中心とした住宅分譲を担い、平成元年（1989）設立したジェイアール東日本都市開発は、鉄道の高架下等の開発、賃貸を業務としている。ＪＲ東日本の住宅分譲事業の第1号は、平成4年（1992）販売開始したフィオーレ喜連川地区である。栃木県さくら市（旧喜連川町）で、宇都宮から東北本線（宇都宮線）で「氏家駅」に至り、北東方面10km、車で15分の緩やかな丘陵地帯である。開発面積82.7ha、1,115区画（内ＪＲ分571）の大規模開発である。東京から120kmと離れており近在の都市のベッドタウン、都心とはセカンドハウスとの関係であろう。平均宅地面積は500㎡（150坪）で自然の緑、地形を活かした温泉付き林間住宅地で売り出し、現在は概ね終了しているようである。喜連川町の振興計画に則り、町の要請を受け昭和63年（1988）の事前協議からはじめた事業である。平成11年時で95％販売し事業はほぼ終了している。顧客は、東京、神奈川、埼玉、千葉の関東圏が80％、40～50歳台が60％、将来定住が40％というデータがある。

　さらに近接して北西方向の地で平成11年（1999）「びゅうフォレスト喜連川」を販売開始する。開発面積38.7ha、532区画、平均宅地面積は400㎡（120坪）であった。この地は前者と違い丘陵地を緩やかな造成で明るく、開放的でリゾート感のある環境を創出している。前者は弘済建物㈱との共同事業であったが後者は単独事業であった。平成7年（1995）事前協議を開始し、平成17年完売を目標に掲げた。

前記2地区の販売の間の平成9年（1997）山梨県大月市猿橋町で「パストラルびゅう桂台」を販売開始している。ここは、清水建設との共同事業である。開発面積73.8ha、994区画と大規模開発である。中央線で新宿から約70～80分、八王子へは約40分、中央高速道路大月ICから5kmで国道20号と中央線と桂川が寄せ合った上部丘陵に位置している。宅地面積は200㎡（60坪）で一般的規模である。販売から15年現在も販売は続いている。

安中榛名の開発（開発主体企業―JR東日本、鉄建建設、西松建設）

所在地	群馬県安中市秋間みのりが丘
交　通	長野新幹線「安中榛名駅」徒歩
面　積	48.7ha
戸　数	601戸
販　売	平成15年（2003）

当地区は長野新幹線駅前に開発された住宅地である。安中市の北部で、駅の裏側（北側）の山を越えると榛名町である。長野新幹線は通称名で、正式には北陸新幹線で、高崎～長野間117.4kmを指す。平成10年（1998）開催の長野冬季オリンピックに向けての整備であった。平成15年（2003）に解散した公団からJR東日本が委託された事業である。将来的には上越、金沢、敦賀へ延伸される予定の路線である。長野新幹線は、平成元年（1989）に着工し、オリンピックの前年平成9年（1997）開業した。これにより東京から長野まで3時間5分が1時間19分に短縮された。安中榛名駅は高崎と軽井沢駅の中間にあり、両駅とも約10分前後で至れる。東京からは約60分、大宮から約30分である。また高崎と軽井沢間はトンネルが多く、安中榛名駅もトンネルとトンネルの間にぽっかり開けた所に設けられている。この駅設置は群馬県始め地元の行政体の強い要望で出来たとも聞く。駅の工事費も地元負担と聞く。狸と狐しか乗らないとも揶揄された。

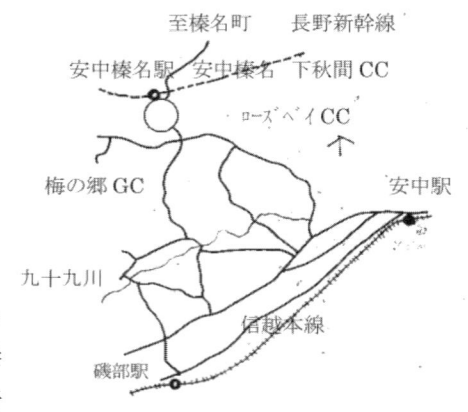

住宅地はこの駅前に広がる南傾斜の秋間梅林を造成して開発された。開発の経緯、きっかけは地元行政の要望、協力が強かったようである。私は平成10年（1998）～16年（2004）の6年間着工前から初期分譲まで参画した。JR東日本の担当は、高崎にある上信越工事事務所・開発調査室であった。

計画区画数は当初約900区画で修正後601区画となった。用地買収の開始年は未確認だが、私が参加したころはほぼ終了していた。開発許可取得は、平成11年（1999）で同年末着工する。第1期販売は、平成15年（2003）9月で街びらきフェスタを多目的広場を中心に地区内各所で展開した。それから9年数区画を残しほぼ完売し10年の予定通り完了しつつある。

計画作業は、すでに出来ているマスタープランの修正から始まった。主要な道路、大きなゾー

ニング、概略の造成レベルなどは現計画を守り、主に6ゾーン（駅前も含む街区）内の修正と仕上げ仕様を考え決めることであった。このためには、いきなりハードに手を動かすことは出来ない。前提となるテーマ、コンセプト、方針、ライフスタイル、魅力付け、ターゲット像、ライフサポート、マーケット、販売、建築、自治会などなどソフト系を考えまとめなければならない。気が遠くなるほどの課題があった。

　日本初の新幹線駅前住宅地とはいえ東京から120kmと離れ、900戸というボリュームで、これまで住宅地開発の事例の少ない地域での供給は極めてリスキーで不安だらけであった。大きなマーケットゾーンとして、東京近郊50km圏が限界といわれ、さらに外側ではリゾート地帯でここは150km圏で、軽井沢、蓼科、伊豆と日本を代表する人気ゾーンである。安中榛名はその中間ゾーンでマスハウジング（大量の一般的住宅供給）ではいわば空白のゾーンであった。高崎、那須、小田原などの遠距離地域からの新幹線通勤客も増えてはいた。しかしその人達の実態は把握されておらず裏付けになるデータが少ない。近在からの需要は無く、広く関東以外の地域からも顧客を引っ張ってこなければならない。結果この地に新しいマーケットを創出、創造するしかないとの結論になった。

　計画は、この地で考えられる生活スタイル、指向性、ステージなどを引き出し、整理し、その物理的可能性を検討し、事例調査をし、それに対応してユーザー像（ターゲット像）を想定した。とても単純な顧客層では埋まらない量である。どんな立派な理屈やコンセプトでも物理的かつ経営的に実現できなければ意味が無い。かといって現実的過ぎても魅力に欠けてしまう。このバランスが会議での課題でもあった。ライフスタイルタイプとして、週末居住、新幹線通勤、在宅勤務、田舎的生活、農的生活、健康な生活、リゾート的生活があげられ、ターゲット像として年齢層、家族像、収入層、通勤地域、通学地域、取得段階（1次か2次か）、現居住地域などの想定をした。この前提となる裏付け資料を出来るだけ集めてみたが確たるものはなく、具体的計画策定の目標とし、販売時の宣伝素材となるようにした。

　これらの考え方や想定テーマを目標に具体的商品計画を策定した。

　大きくは街区、宅地／住宅のメニューである。街区メニューでは一般標準型、自然共生型、田舎暮らし型など12案、宅地・建物では、一般標準型、自然共生型、田舎型、ＤＩＹ型など13もの案が上げられた。

　一方公園、緑道、法面処理、各部の仕様、仕上げ、生活サポートシステム、施設などの議論と検討が平行して続けられた。これらの想定のもとに駅前ゾーンを含む全体を15の街区に区分し当てはめた。パッチワークのような配分となった。これをさらに整理統合し現在の7つのゾーン（街区）区分とした。各街区は道路、法面などで物理的に区分され独立性が高く、面積規模もまとまっており特徴を持たせても不調和はおきない。結果最終的に修正マスタープランが出来上がった。

　駅舎は地域イメージにはいささかそぐわないほどのポストモダンなデザインで、裏の山を背負い対比し地区のシンボルとなっている。駅前の広場からは幅40mのシンボル道路を通して独特

の山容を持つ妙義山と上州連山が展開する。この眺望も得がたい魅力の1つである。車で訪づれたり、ゴルフや既成市街地へは幅19mの広規格幹線道路（県道）が交通軸となり、地域交通機能を満たしている。40mシンボル道路と県道の交差部に多目的なセンター施設が設けられた。ここにはインフォメーション、販売、管理、コミュニティーホール、集会施設、コンビニ、イベントに使える外部デッキ、広場、わが街ビューが望める展望デッキなどが置かれ住民の生活支援施設をとるように整備された。

　販売前年の平成14年（2002）には世界的に植樹運動を実践している横浜国大名誉教授宮脇昭先生の指導で法面の植樹祭が実施された。3,700人が3万本の苗木を植えた。販売の始まった平成15、16年には下草取りなどの育樹祭が実施された。ここでも2,700人の参加者があった。

　7つ公園は彫刻家の関根伸夫氏[78]に参加してもらいそれぞれユニークな発想でモニュメントや仕上げをデザインしてもらい親しみやすいネーミングをつけ特徴をつけた。結果それぞれ極めて味のある得がたい公園が出来上がった。A街区の1号公園（始まりの丘）に埋めた小学生の手紙タイムカプセルとして開くイベントがある。

街区区分（ゾーニング）

　地区のゾーン（街区）区分は、計画作成時と販売時で符号を変えている。販売時の符号が丁名となった。A街区→一番街、B街区→五番街、C街区→二番街、D街区→三番街、E街区→四番街となった。

　駅前街区は、地元の協力者の用地で商業系の用途だがいまだ手付かずである。また地区中央部で40mシンボル道路横には多目的広場と称した空き地がある。ここは、南北190m、東西130m、約2.5haの2段造成地で、安中市の所有地である。何度かその利用を図ったが現在も未定のようである。ここは、計画作成中に前述の彫刻家である環境美術研究所の関根伸夫氏の講演を聴き、その中で環境美術館の設置構想を練っていることがわかった。

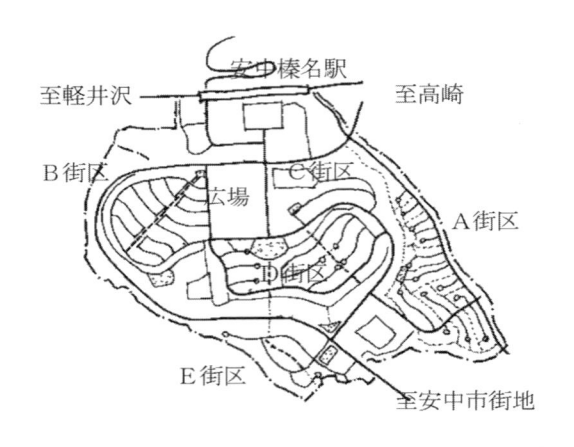

　関根氏とは長野駅前人工デッキ計画で仕事をした知人であった。彼は世界的にも知られた「もの派」の生みの親でその美術館建設の場所を探していた。早速関根氏と会い承諾を得て、プロジェクト会議に提案した。運よく新潟駅前広場の水をテーマにしたアート作品の評判がよくJR社内でも認識されて、本格的に提案書を作成した。

　安中市長へのプレゼンテーションを何度かしたが残念ながら市からのGOサインはかからなかった。その後安中市は公開国際コンペをもって広く案を募集した。建築家の原広司委員長であっ

78　1942年～　埼玉県出身。美術家、彫刻家。

た。私も関根氏と建築家古谷誠章氏[79]と組んで参加したが残念ながら入らなかった。一等が誰であったか忘れたがこの地は今も広場のままで住民が運動場的に使っている。

　地区には、公園が7ヶ所と4本の緑道を設けた。公園と緑道にはそれぞれテーマ性と特徴を持たせふさわしいネーミングを付けた。

A街区：一番街

面　積	約 5.85ha、当初 187 区画、現 138 区画、地区の東側、宅地平均面積 100 坪

　この街区は地区の中でもシンボリックでテーマ性の高いプランニングを目指した。テーマは、リゾート性を強く出すことであった。その特徴は、区画道路が全て幅6mでクルドサック型である。延長の最も長い道路は140mあり12本の長短道路で構成されている。全国的事例でも例を見ない形態である。またこの区画道路と区画道路の間に幅4mの緑道が通っている。緑道は宅地の間を通り管理用通路と結ばれ、駅方向へ至れるルートになり、歩行者動線のネットワークとなっている。街区の公園「始まりの丘」へもこのネットワークで結ばれている。

　殆どの宅地は、道路と緑道に面しその機能と空間のゆとりを享受している。また先端部に設けた車返しは幅13mで植栽はせず舗石が敷かれ広場となっている。この道路と緑道の組み合わせをここまで徹底した事例はない。

　宅地は100坪以上とし、造成では道路と緑道、宅地間の段差は大きいが、無機質なコンクリート系擁壁は一部を除いてやめ、法面処理か自然石の野積みとした。この方法では擁壁面積が宅地の平場面積を減じてしまう。しかし環境形成、景観構成、テーマ性を強調できると採用した。

　結果法面や石積みとやわらかい質感のナチュラルな舗装の緑道とが質感的につながり一体化し有機的形態を形成している。販売はこの街区から始められた。20棟の建て売り分譲を主にしてまちづくりの意図が分かるようにした。

　建物は、群馬県住宅建築工業共同組合、ハウスメーカー、別荘建築を多く手がけている地域の建設会社など6社が参加した。

　宅地と建物の売り主が違う共同分譲ではなくあくまでJR東日本他3社の共同体が売り主であった。

---

[79] 1955 年〜 東京都出身。建築家。

B街区：五番街

| 面　積 | 約7.14ha、当初215、現在189区画、地区の西側宅地平均面積80坪 |

　この街区は駅から近く地区の中でもアーバン性を高めた一般街区と位置付けた。このため比較的コンパクトな宅地の有効部（平場部）を出来るだけ確保するため擁壁はコンクリートの直擁壁とした。
　街区の中央部南北方向に緑道「妙義坂」を設けた。街区の北東角部に小公園「円居（まどい）の丘公園」を設け妙義山を直視する線形位置とした。
　この緑道の南側端部には、「星見の丘公園」を設け、上州の山並みを眺め、寝そべって空を仰ぎ見る彫刻を配した。街区内の区画道路は、U字状とし緑道の分断は避け歩行者の安全性を高めた。この区画道路は安中市の理解を得て幅5mとした。

C街区：二番街

| 面　積 | 2.16ha、当初76、現28区画とスーパーブロック、地区の北側、宅地面積は大型で150坪 |

　この街区は、駅から最も近く、センター施設の隣地で、幅40mのシンボル道路に面し、かつ高台で眺望の良いところである。40m道路に面したところを一部残し2次開発用地とした。集合的住宅、店舗付き住宅などが考えられるが計画は未定である。
　幹線道路沿い大型法面上の宅地は、2段宅地とした。これは北側擁壁の高さを出来るだけ抑えるためと宅地が南北に細長く（奥行き）大きいため宅地内の土地利用上支障は少ないとの判断であった。
　街区の公園は「あら草の公園」と名づけ、造成時の現場から排出した自然石を活用した。これは地区の隣の谷にある棚田の景観を参考としたデザインで、石を積み棚田風を再現した。将来C街区の住民がこの棚田に花を植え育て潤いあふれる空間に生かしていければと考えた。

D街区：三番街

| 面　積 | 6.11ha、当初206、現177区画、地区中央部、宅地面積100坪 |

　街区内を大きく回るループ状道路とクルドサック道路及び2つの公園と2本の緑道で構成されている。造成地形的には、駅前が1段目、多目的広場とC街区が2段目、D街区は3段目と言える。駅から幅40mのシンボル道路の南端部でぶつかり視覚的に受け止めるところに「天空の丘公園」が置かれ、半円形の広場と巨大な石と金属のゲートが現れる。モニュメントでありゲートである。あるいは妙義山に向かっている鳥居ともいえる。
　ゲートをくぐり大きく広い階段を下りるとモザイクタイル張りの不思議な曲線の描かれた空間に出る。上部のシンボル道路からの延長的空間である。歩行者専用空間である。この空間からさ

らに進み、ループ状道路を渡ると、県道沿いの大きな法面の上端部に至りE街区（四番街）につながる陸橋である。もう1本は、東寄りに設けた「秋間坂緑道」でここは緑豊かなまさに緑道化を図った。

この街区では、南北の宅地間の背割り部の段差処理に工夫を加えた。一般的には擁壁を設けるがこれをゆるやかな法面仕様とした。宅地の奥行きがあり住棟間を広く空け密度感を抑え、住棟間に緑の空間を取りたいなどの意図であった。これは全て建て売りでの分譲とは限らず、宅地分譲で買った人が自由に建てる場合住棟間が寄ってしまうことが多いための策でもあった。

この法面の南側宅地の背中寄りに境界線がある。この技法は本来危険な方法で、北側宅地の雨水が隣地に流れる危険性がある。境界沿いに排水溝を設けても東西の隣地を通り望ましい形態とは言えない。宅地内処理が原則の禁を破ることになる。自然浸透、浸透枡の設置で可能であろうと判断した。

建物が建ち、街の環境を見る限りではその効果があったようであり、北入り宅地の庭空間にゆとりが生まれていることが分かりほっとしている。将来、緑が増え、キッチンガーデンなどと活用してくれれば評価されるであろうと勝手に思い込んでいる。

街区の南端部の法面下に「秋間の辻公園」とシンボリックな階段を設けた。ここは、安中市の中心部から新幹線駅に至るルート上、新住宅地に入るゲート性を演出したものである。広場と団地銘版が置かれている。

E街区：四番街

| 面　積 | 2.82ha、当初100、現86区画、地区の南端部、宅地200坪級 |

この街区は地区の中では駅から最も遠く、最も低い地形で、眺望は望めない。また駅に至る県道と大きな法面で分断されいささか離れ小島風である。駅に至るにも上り坂、階段が続きしんどいルートとなる。計画時にもこのハンデキャップが引っかかりなかなかテーマ性が見つからず難儀した。しかし何度も現場に立ち街区の立地を探っている内にこのママっ子の街区が他の兄弟から見ると魅力的で個性的であることが分かってきた。南側に広がる地区街の豊かな既存の緑、落ち着いた環境、コンパクトなまとまり、行き止まりで通過交通の無いところ、単価を抑えた分総額が廉価に出来るか宅地面積を大きく出来るなどである。

ここは、「農的生活」をテーマとして考えた。共同の農園なども検討したが、宅地を大きめにして宅地内でのガーデニングやキッチンガーデンを自由にやれるようにと意図した。そのために宅地のシンボルツリーとして柿、栗など果樹を配して他とは違うイメージ作りを進めた。街区内に小さなループ状道路を配し、中央部に緑道を共用の広場風に設け、コミュニティー空間とし、街区の取り付け部には「春待ちの丘公園」を配し街区のゲート性を演出した。造成が済んでみると意図通りで、売り出してみると人気もあり多くのユーザーの支持、評価を得てほっとしている。

ユーザー像

　事業の懸案であったマーケット像はなかなかつかみにくかった。平成22年（2010年）3月時点の集計結果が公表されている。この時点では601区画の68.5％の412世帯の統計である。「前居住地」は、77％が関東4県で、地元群馬県が15％となっている。他はわずか8％であった。やはり前居住地との距離感があるのであろうか。「年齢」は、60歳代が半分でこれは想定どおりリタイアメント層で、次が50歳代の29.1％でこれもリタイアメント予備群と言える。20〜40歳代の現役層が21.6％もいたのはうれしい限りである。地区は、販売前、販売中とまちづくりを考える会や入居後の不安を無くすようコミュニティー活動を進めたのが効を成し住民の交流や活動は盛んである。個人的には永いプランナー生活でも思い出多い地区である。

資料編

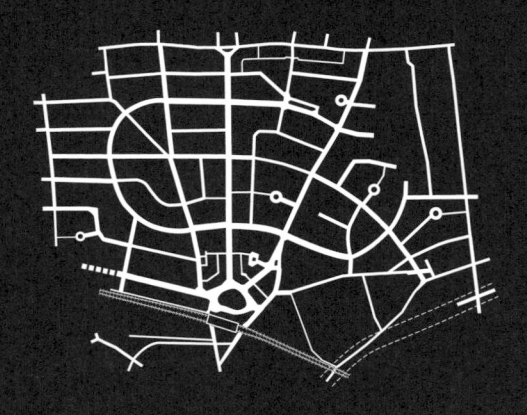

資料1　江戸市街地の拡大変遷図

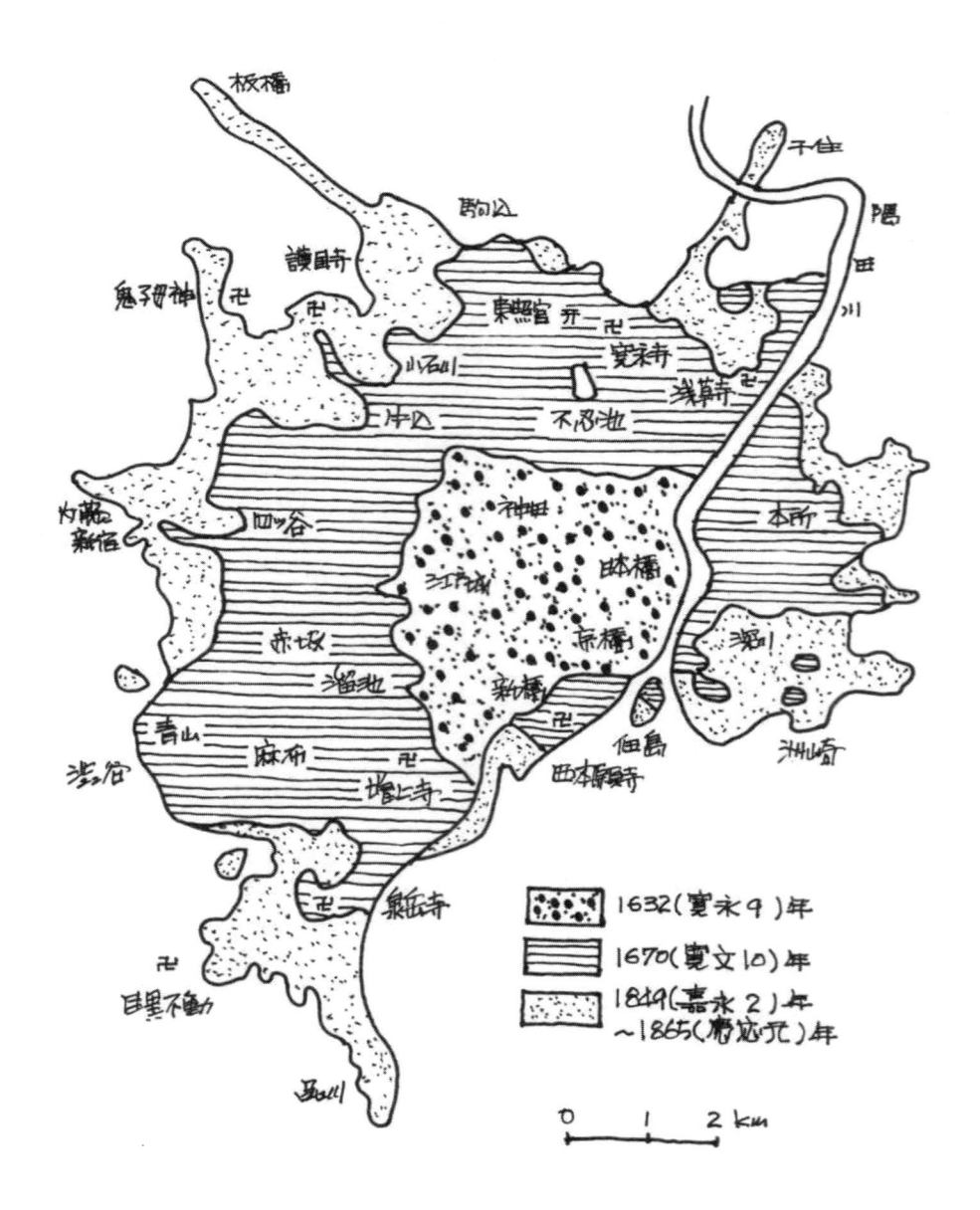

凡例:
- 1632（寛永9）年
- 1670（寛文10）年
- 1849（嘉永2）年～1865（慶応元）年

ベース図：国土地理協会編・東京百科事典

資料2　東京市域の拡張図

昭和7年（1932）郡部に20区：大東京市に拡大35区時代

ベース図：国土地理協会編・東京百科事典

資料3　地区一覧概要

（NO、地区名称、開発主体、時期、所在地、面積、戸数）

●明治―昭和前期（戦前）（本誌非掲載）

1 神田三崎町：三菱会社、M23、千代田区、7.5ha

2 西片町：阿部家、M5計画、文京区、20ha、300戸（M21）

3 桜新町：東京信託社、T2販売、世田谷区、23ha、183区画

4 吾等が村：黒沢貞次郎（黒沢商会）、T1買収、品川区、130戸

5 渡辺町：渡辺治右衛門（渡辺銀行）、T5着手、荒川区

6 大和郷：三菱会社、T11販売、文京区、40ha、約380戸

7 目白文化村：箱根土地、T11販売、新宿区、約10ha

8 洗足田園都市：田園都市、T11、目黒・品川・大田区、28ha、574区画

9 田園調布：田園都市、T12販売、大田区、159ha、約1100区画

10 大泉学園都市：箱根土地、T13販売、練馬区・新座市、165ha

11 小平学園都市：箱根土地、T14販売、小平市、198ha

12 国立学園都市：箱根土地、S1販売、国立市、264ha

13 城南田園住宅：城南田園住宅組合、T14、約7ha、55区画

14 成城学園：成城学園（小原国芳）、S1組合、世田谷区、122ha（住分）

15 玉川学園：玉川学園（小原国芳）、S4組合、66ha（住分）

16 南澤学園町：自由学園、T14、西東京市、24.8ha（住分）

17 常盤台：東武鉄、S10着手、板橋区、8ha

●本誌掲載・昭和20年～現代

1 希望が丘地区：相鉄、S22着手、横浜市旭区、32.3ha、1,037区画

2 南台地区：相鉄、S26着手、横浜市瀬谷区、24.9ha、820区画

3 万騎が原地区：相鉄、S32着手、横浜市旭区、31.7ha、904区画

4 えびな国分寺台：相鉄、S37着手、海老名市、107.8ha、3,300区画

5 野川第一地区：東急電、S30発足、横浜市港北区、22ha

6 高森第1地区（あかね台）：小田急電、S39着手、伊勢原市、33ha、870区画

7 桜ヶ丘地区：京王電、S35着手、多摩市、78.7ha、1,450区画

8 八丁畷地区：京急電、T11、川崎市川崎区・横浜市鶴見区

9 富岡ニュータウン：京急電、S30、横浜市金沢区、1,500ha、3,940戸

10 千住分譲地：京成電、S9、足立区、18.8ha、823区画

11 八千代台団地：京成電、S35販売、八千代市、18.5ha、829区画

12 八千代高津団地：京成電、S39販売、八千代市、13.8ha、605区画

13 宮野木団地：京成電、千葉市花見川区、S37、40ha、1,534区画

14 越谷地区：東武電、S29分譲、越谷市、13.8ha、474区画

15 竹の塚地区：東武電、S31、足立区、19.4ha、588区画

16 鎌倉山地区：西武、S20、鎌倉市、39ha、470区画

17 徳川南地区：西武、S25販売、渋谷区、10ha、200区画

18 本牧地区：西武、S30販売、横浜市中区、10.7ha、330区画

19 谷津坂地区：西武、S36販売、横浜市金沢区、28.1ha、738区画

20 中河原地区：西武、S36販売、府中市、16.4ha、350区画

21 二俣川地区：東急不、S39販売、横浜市旭区、103ha、2600区画

22 つくし野地区：東急不、S42販売、町田市

23 大宮プラザ：東急不、S46販売、大宮市（現さいたま市）、31.3ha、1,300区画

24 八王子片倉台：東急不、S48販売、八王子市、73ha、1,500区画

25 西鎌倉：西武、S40造成、鎌倉市、77ha、1,422区画

26 七里ヶ浜：西武、S41造成、鎌倉市、69ha、1,588区画

27 湘南鷹取台：西武、S44販売、横須賀市、127ha、3,130区画

28 鎌倉・逗子ハイランド：西武、S45販売、鎌倉市・逗子市、94ha、1,500区画

29 マボリシーハイツ：西武、S48販売、横須賀市、70ha、2,330区画

30 湘南ＮＴ片瀬山：三井不、S42工事着、藤沢市、62.3ha

31 百合ヶ丘住宅地：三井不、S 40 工事着、川崎市、71.9ha、約 2,000 区画

32 鳩山ＮＴ：日本新都市開発、S 48 販売、埼玉鳩山町、140ha、3,400 戸

33 美しが丘：東急電、S 44 販売、横浜市青葉区、213ha、7,775 区画

34 披露山庭園住宅：ＴＢＳ興発、逗子市、S 40 〜 50

35 ユーカリが丘：山万、S 54 販売、佐倉市、245ha、5,460 戸、★

36 北野台：西武、S 56 造成完、八王子市、56ha、2,000 区画

37 千福ニュータウン：東急電、S 55、静岡県裾野市、83ha、1,067 区画、★

38 松が丘：西武、S 55、所沢市、57.6ha、1,063 区画

39 こま武蔵台：東急不、埼玉県日高市、S 51 販売、69ha、1,790 区画

40 我孫子ビレジ：東急不、S 51 販売、我孫子市、41.6ha、1,960 区画

41 柏ビレジ：東急不、S 55 販売、柏市、63ha、1,500 区画

42 緑園都市：相鉄、三井不、S 61、横浜市泉区、★

タウンハウス（43 〜 48）

43 港南ファミリオ：京急不

44 行徳ファミリオ：京急不

45 浦安パークシティⅢ期：三井不

46 コトー金沢八景：デベロッパー三信、★

47 竜ヶ崎ＮＴ：宅地公団、三井不、積水ハウス、ミサワホーム、★

48 ライブタウン浜田山：藤和不動産

49 高幡鹿島台ガーデン 54：鹿島建設、S 59 販売、日野市、2.2ha、54 戸

50 フォレステージ高幡鹿島台：鹿島建設、H 9 造成完、日野市、1.54ha、53 戸

51 オナーズヒル：コーポ企画、ミサワホーム、S 60、川崎市麻生区、17,260 ㎡、40 戸

52 鶴川緑山：野村不、S 60 ごろ販売、町田市、71.33ha、1,200 戸、★

53 東金レイクサイドヒル：角栄建設、S 60 販売、東金市、167ha、2,800 戸、★

54 エステ・シティ所沢：日本新都市開発、H 1 販売、所沢市、58ha、1,700 戸、★

55 あすみが丘：東急不、S 61 販売、千葉市緑区、313.2ha、9,560 戸、★

56 あすみが丘東：東急不、H 9、千葉市緑区、85ha、3,600 戸、★

57 日向岡：東急電、S 62 販売、平塚市、37.4ha、1,200 戸、★

58 みずきが丘：東急不、H 3 販売、佐倉市、55ha、1,150 戸、★

59 佐倉そめい野：大林組、H 3 販売、佐倉市、55ha、1,150 戸

60 季美の森：東急不、角栄建設、H 5、東金市、大網白里町、200ha、2,650 戸、★

61 コモアしおつ：積水ハウス、青木建設、H3、山梨県上野原市、80ha、1,730戸

62 湘南めぐみが丘：東急電、H14、平塚市、37.6ha、1,000区画、★

63 柏市田中地区：ポラスG、H18、4,180㎡、22戸、★

64 柏市逆井地区：ポラスG、H18、11,780㎡、73戸、★

65 白井市西白井地区：ポラスG、H18、29,700㎡、120戸、★

66 船橋市馬込地区：ポラスG、32,650㎡、88戸、★、H19年

67 柏市篠籠田地区：ポラスG、8,930㎡、47戸、★、H25年

68 安中榛名：JR東日本他、H15販売、安中市、48.7ha、600戸、★

（★印は上川が計画参加した地区）

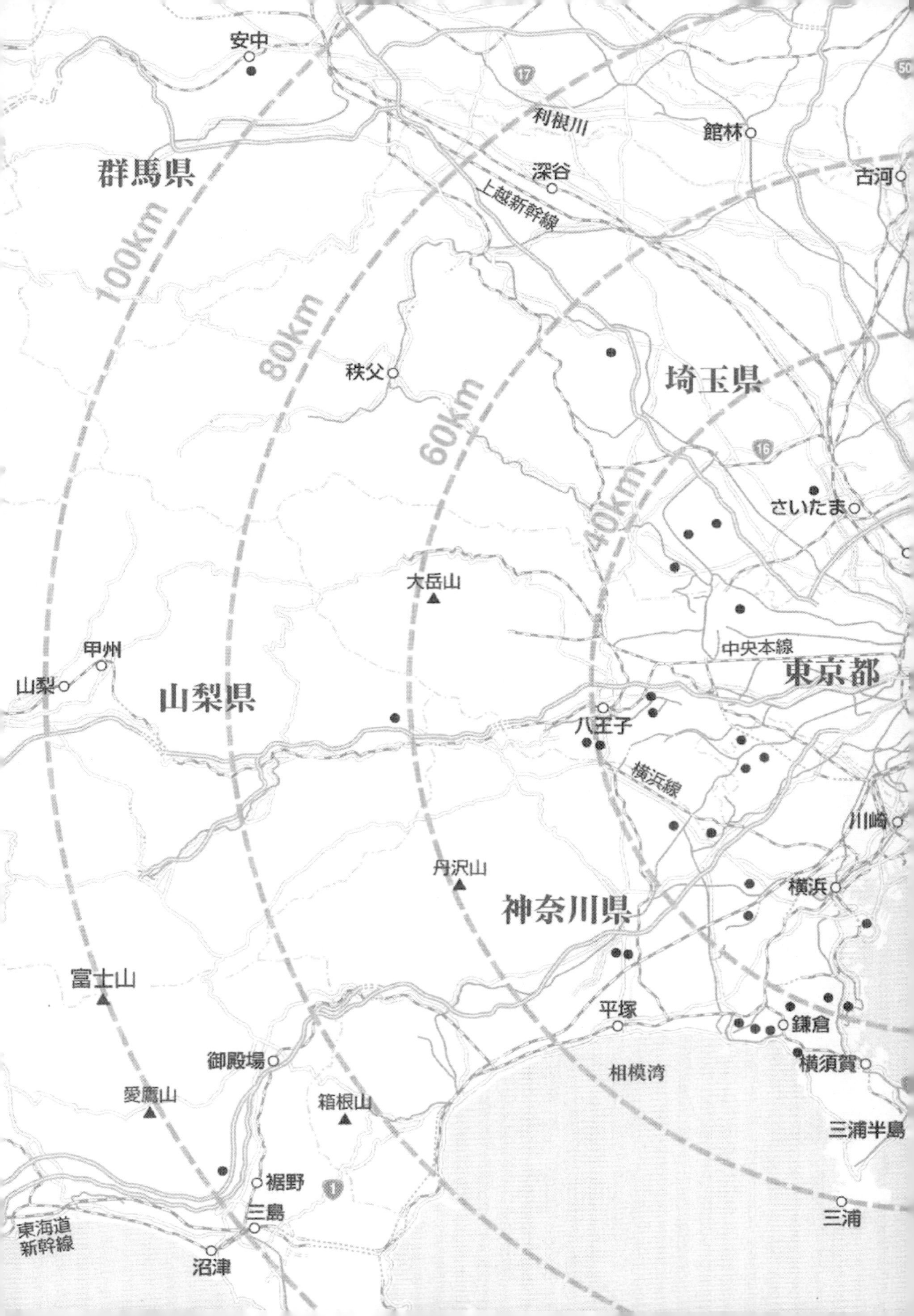
安中
17
利根川
館林
群馬県
深谷
古河
上越新幹線
100km
80km
秩父
60km
埼玉県
16
40km
さいたま
大岳山
甲州
中央本線
山梨
山梨県
東京都
八王子
横浜線
川崎
丹沢山
横浜
神奈川県
富士山
平塚
鎌倉
御殿場
横須賀
相模湾
愛鷹山
箱根山
三浦半島
裾野
1
三島
三浦
東海道
新幹線
沼津

資料4　首都圏の開発地
● 掲載地

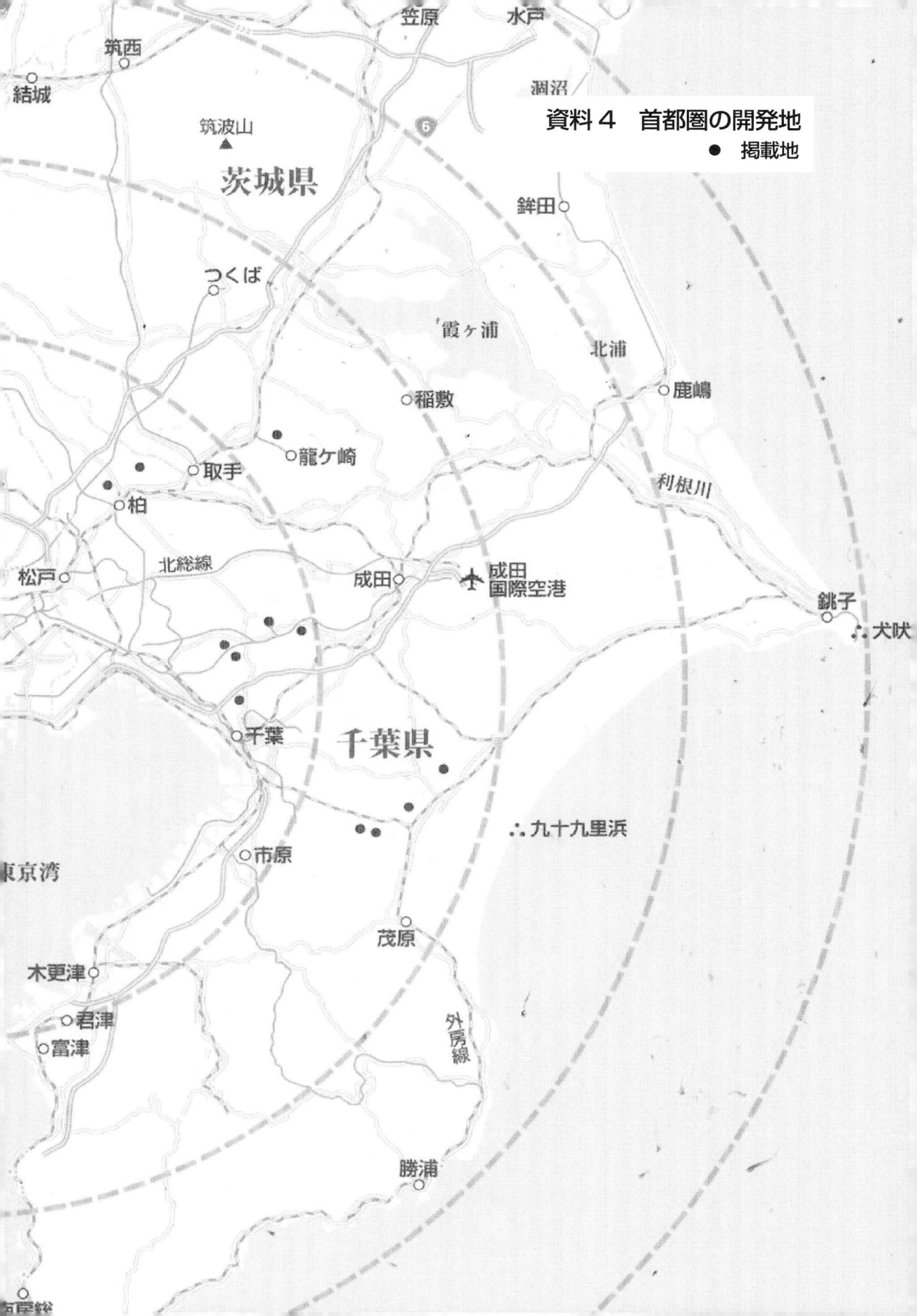

おわりに

　昭和43年（1968）東洋大学建築学科卒業後、後千葉大造園学科名誉教授となる若き日の田畑貞寿先生の事務所開設に伴う所員となることがこの世界に入るきっかけであった。
　田畑氏は、住宅公団の初期の職員で住宅団地の計画を担当していた。造園、観光計画とともに団地の計画もしていた。在学中住宅公団出身で母校の教授だった故前田尚美先生の公団の仕事を手伝っていた。田畑、前田両氏は当然知人ではあるが私が田畑氏の事務所に行くのは全く関係なかった。不思議な縁である。さらに田畑氏の紹介で市浦都市開発建築コンサルタントに入り大阪支社で仕事をする。2代目社長の富安秀雄氏のもとニュータウン、団地、市街地整備等の計画に携われた。この時期まだまだ同業者は少なく、高度成長期に入り全国で住宅地計画が進められた時代である。市浦では主に公的機関の開発であった。戦前までの開発は民間が殆どであったが、戦後は公的開発が進む。住宅公団、住宅供給公社、地方行政体が開発を進めていった時代である。住宅地計画のイロハを覚えた事務所であり、時代であった。
　東京に戻り、スペースコンサルタント、国土工営というところに勤めたがここでは不動産、鑑定、測量、営業、企画と地に足の着く業務を知り、後の仕事に大いに役立った。今にして思えば高邁な計画論ではない視点をもてたのかもしれない。
　市浦時代の先輩猪狩達夫氏の事務所に参加し二人三脚で始める。個人注文住宅、ハウスメーカー、宅地開発公団、東急不動産、三井不動産、西洋環境開発と縁がつながり、日本が経済成長の時代で多くの開発計画に参加する機会を得た。北海道から九州まで広がった。マスハウジングの時代である。良い時代に仕事をしていたと思い、良い仕事にめぐり会え、プランナー冥利に尽きる時代であった。世のめぐり会わせと人の縁が、計画対象の地域、地区との縁を結び合わせてくれたことに感謝する。
　当著は一般社団法人東京建築士事務所協会の月刊機関誌「コア東京」に平成19年（2007）5月号より平成24年（2012）11月号まで51回連載したものをベースとして修正、加筆してまとめたものである。この連載のおかげで先輩諸氏の創意工夫のあとを見てこられた。住宅地を見て歩くのが好きな者としては辛いときもあったが総じて楽しく、嬉しかった。昭和40年代からは、当時の販売パンフレットを多数集め保存していたので大いに助かった。仕事上事例の見学や資料に使っていたもので、まめに整理をして保存していたものである。現場の写真も2万枚の紙焼き、スライドを半分に整理して保存していたものが役に立った。40年代以降の地区の写真は必ずしも最近のものではなく10年、20年前のものも使用した。（ここでお断りしておきます）住宅地は合計約68地区となった。
　連載を見て評価していただき出版の話もいくつかあり、数社で検討していただいたが具体化しなかった。2年ほど前、さいたま市で「一般社団法人埼玉いえ・まち再生会議」に参加し知友を得たブックアドバイザーの荻野準二氏の骨折りで住宅新報社から出版されることになった。
　出版については全く無知な者としてはあわてるばかりであった。経験の深い荻野準二氏の編集

と全体のプロデュース及びコーディネートを担っていただいた。図版写真の編集と地図の作製を担ってくれた田中正隆氏、DTP作業の㈱エヌケイクルー、出版に当たって『「まちなみ」のすすめ』を寄稿していただいた大川陸氏、事務所協会との折衝に動いてくれた安田計画設計室の安田浩司氏、また「コア東京」に連載のきっかけと強い後押しをしてくれた草樹社須長一繁(そうき)氏、各氏には大変お世話になりました。紙面をもって感謝いたします。

　最近私は前述の「一般社団法人埼玉いえ・まち再生会議」という、空き家・高齢者住宅を中心としたいえ・まちの再生活動のグループに参加している。元さいたま市の浅子進氏が理事長で小山祐司氏を議長とした会である。さいたま市内に事務局を置き会員は工務店、建築設計事務所、不動産業、弁護士、行政等々多彩なメンバーで構成されている。活動を始めてまだ数年であるがすでに大小いくつかの実績が生まれつつある。

　ここ数年都市人口の減少化、高齢化、少子化に伴い空き家、高齢者福祉、独居老人、終の住み家のことなどの問題、課題が生じている。今後もこれらの課題は顕著になっていく。簡単に解決できる問題ではない。さいたま市だけの問題でもない。この会に持ち込まれるケースを通し依頼者とともに考え、依頼者にとって町にとってベストな対応策を検討し方向付けを目指している。

　この活動実績や経験を活かし新市街地として開発された住宅地での問題、課題に対応した対策が考えられればと思っている。また上記の組織が他市にも広がりつつあり、組織相互の連携、情報交換からさらなるヒントが把握できることを期待したい。

　　　　　　　　2013年6月　街並工学研究所　まちづくりプランナー　上川　勇治

■索引

あ
アイビーモール 101
青木建設 153
青葉台ボンエルフ 114
明野ボンエルフ 114
朝霞団地 124
麻布桜田町 22
浅子進 183
あすみが丘 xiii、114、128
あすみが丘東 xiv、141
我孫子ビレジ x、98
阿部家 13
あら草の公園 170
安藤忠雄 106、130
安中榛名 xvi、166
家方 77
家とまちなみ 7
イカリ設計 110
石川栄輝 21
イスレッタ・デ・フロール 142
泉パークタウン 89
磯村英一 12
一丁ロンドン 12
稲毛グリーンヒル 112
井野東土地区画整理事業 88
井の頭田園土地 16
イメージハンプ 75
岩崎久弥 17
インターロッキングブロック 126
印旛沼 146
美しが丘 vi、83
浦辺鎮太郎 24
浦安パークシティⅢ期 110
エステ・シティ所沢 xii、126
えびな国分寺台地区 30
エル・カクエイ 150
大泉学園都市 17
大川陸 7、114
大林組 146、148
大宮プラザ iv、63、107
小田急電鉄 36
小田原急行 16
オナーズヒル xi、119
小原国芳 19
オリエンタルランド 77

か
ガーデンシティ 14
ガーデナーイースト 143
ガーデンタウン南桜井 112
海神台分譲地 46
開成学園 16
角栄建設 124、150
学園都市 17
角田式美 124、150
鹿島建設 115、118
柏市逆井地区 xvi、160
柏市篠籠田地区 163
柏市田中地区 159、160
柏ビレジ x、100、114
梶原山住宅地 122
霞ヶ関団地 124
嘉納治五郎 98
鎌ヶ谷地区 52
鎌倉・逗子ハイランド 74
蒲田電鉄 31
環境アセスメント 120
環境影響評価審査 120
雁行型 110
菊竹清訓 32
北野台 vii、92
木下工務店 148
季美の森 xv、150
希望が丘 27
行徳ファミリオ 109
巾着田 96
金妻シリーズ 123
近隣住区論 44
国立学園都市 iii、17
クライネスサービス 89
クラインガルテン 89、157
グリーンテラス城山 114
クルドサック 21、84、118、162、169
クレランス・スタイン 83
黒沢貞次郎 16
黒田征太郎 129
京王桜ヶ丘 iii、39
京王電鉄 38
京急不動産 108、109
経済同友会 81
京成電鉄 16、46
京浜急行電鉄 40

索引

ゲーテッドシティ　138
けんち石　78
コア東京　5
郊外土地　16
高蔵寺ニュータウン　24
港南ファミリオ　108
港北ニュータウン　24
コートヒル　145
コーポ企画　119、120
コーポラティブハウジング　119
小鷹利三郎　18
コクド　67
国土計画　68
越谷地区　53
小平学園都市　17
小坪港　86
五島慶太　25、31、62、124
五島昇　25、32
コトー金沢八景　110
小林一三　31
小林茂樹　5
こま武蔵台　viii、96、107
狛江タウンハウス　112
小宮賢一　21
コモアウエルネス会　155
コモアしおつ　xv、153
コモアの風　155
コモアブリッジ　154
コモンシティ安行　114
コモンシティ船橋　114
コモンスペース　106、108、109、116
子易川遊水地　104
小山祐司　5、183
コレクティブ道路　92、104
コンサバトリー　123
コンタ　24

さ

相模鉄道　26、103
桜新町　i、15
佐倉そめい野　xv、146、148
サニータウン長野台　110
狭山ヶ丘団地　124
三富地区　126
シーサイドももち第1期　114
シーモア住宅地区　131
JR東日本　165

志賀直哉　98
志木団地　124
ジグス堂　18
七里が浜　iv、70
志津団地　124
失楽園　70
渋沢栄一　18、31
写実絵画専門美術館　143
自由学園　20
住宅団地発祥の地　48
松韻坂地区　82
城西南新都市建設構想趣意書　32
城西南地区開発　24
湘南鷹取台　iv、72、107
城南田園住宅　ii、19、22
湘南ニュータウン片瀬山　v、78
湘南・日向岡　xii、144
湘南めぐみが丘　156
昭和音楽大学　79
殖産住宅　148
白井市西白井地区　159、162
菅原通済　57
逗子披露山庭園住宅　vi、86
逗子マリーナ　86
住まいのかたち　5
住まいのかたち　まちなみの視点　7
住田昌二　4
諏訪野　114
成城学園　ii、19
西武グループ　67、92、95
西武鉄道　55
積水ハウス　111、148、153
関根伸夫　168
セゾングループ　67
千住分譲地　47
セント・フランシス・ウッド　18
千福ニュータウン　viii、93
泉北ニュータウン　24
千里ニュータウン　24
創造の杜　131
相鉄ギャラリー　104

た

大師電気鉄道　40
大和ハウス　24
タウンハウス　64、72、75、96、106、116
高須ボンエルフ　114、116

高幡鹿島台ガーデン　ix、115
高森第1地区（あかね台）　37
武里団地　134
竹の塚地区　54
玉川学園　19
多摩田園都市　32、83
多摩ニュータウン　24、62
中央住宅　159
中央商事　112、144
つくし野地区　63
つくばエクスプレス　100
つくば二宮　114
筑波ニュータウン　24
津島亮一　119
辻井喬　56
津田英学塾　17
つつじヶ丘住宅地　38
堤康次郎　13、17、55、67
堤清二　56、67
堤義明　67
鶴川緑山　xi、122
帝都土地　16
ディズニーランド　77、110
ＴＢＳ興発　86
ＴＢＳ緑山スタジオ　122
デタッチメントハウス　106
鉄建建設　166
デベロッパー三信　110
テラスハウス　106
田園調布　i、18
田園都市　18
田園都市構想　32
天空の丘公園　170
東金レイクサイドヒル　xiv、124
東急電鉄　24、31、83、93、144、156
東急不動産　24、62、93、96、98、100、128、
　141、146、147、150
東急ホーム　62
東京高等音楽学院　17
東京商科大学　17
東京都建築士事務所協会　5
東京土地住宅　16
東京横浜電鉄　16
東総都市開発　125
東武鉄道　16、51
東洋エステート　112

藤和不動産　112
ときがね湖　125
常盤台　ii、20、22
徳川南　iii、57
土地賃借権付販売制度　100
富岡ニュータウン　42
都立多摩丘陵自然公園　92

な

中内俊三　159
中河原地区　59
西片町　i、13、22
西鎌倉　68
西神ニュータウン　106
西松建設　166
日建設計　143
日本新都市開発　81、126
根津嘉一郎　52
根津家　52
能見台　42
野川第一地区　33
野間清治　19
野村不動産　122、148
野村證券　122

は

バーズモール　130
バーチカル・ドレーン方式　100
バーナード・リーチ　98
箱根土地　13、16、17、55
橋口住助　14
八王子片倉台　65
八丁畷地区　41
鳩山ニュータウン　v、81
羽仁吉一・もと子　19
埴の丘　119
浜野安宏　130
早川城山　103
原広司　104、125、168
バリエール　127
春待ちの丘公園　171
ハワード　14
ハンプ　136
ヒノキの森　93
ビバリーヒルズ　138
ピンコロ石　120、136
ファイブハンドレッド・ゴルフクラブ　93
フェアローン市　83

フェリス女学院　104
フォレステージ高幡鹿島台　ix、118
福山藩　13
二俣川地区　63
フットパス　116、164
船橋市馬込地区　xvi、163
フランク・ロイド・ライト　20
プランニング思想・技法　24、114
プリンスホテル　67
古谷誠章　169
プレハブ　24、30
文化住宅村　17
ペデストリアンデッキ　89
ベルツ　70
ヘンリー・ライト　83
ホキ美術館　143
保木将夫　143
星見の丘公園　170
細田工務店　148
ボラード　126
ポラスガーデンヒルズ社　159
ポラスグループ　159
ボンエルフ　7、115
本牧地区　58

ま
前川国男　24
前沢パークタウン　114
万騎が原地区　29
松が丘　viii、95
円居（まどい）の丘公園　170
マボリシーハイツ　iv、75、107
マンサード屋根　109
三澤千代治　119
ミサワホーム　111、119
みずきが丘　xv、147
みそらのニュータウン　52
みちなみ　136
三井不動産　77、110、111、112
三井ホーム　110
三菱　12、17
三菱地所　89
南澤学園町　19、22
南台地区　28
宮野木団地　50
宮の郷　119
宮脇昭　168

宮脇檀　100、114
明日館　20
ミルクリーク　134、143
武蔵野鉄道　55
武者小路実篤　98
めぐみが丘　xv、156
目黒蒲田電鉄　16
目白文化村　i、17、22
メゾネット　112
メタボリズム　32

や
八千代高津団地　50
八千代台団地　48
谷津坂地区　58
柳宗悦　98
柳田国男　98
矢部金太郎　18
大和郷　17、22
山万　88、150
ユーカリが丘　vii、88、150
百合が丘住宅地　v、79
よみうりゴルフ倶楽部　119
よみうりランド　119

ら
ライブタウン浜田山　112
ラドバーン　83
ランドスケープデザイン　5
リシン壁　76
竜ヶ崎ニュータウン　111
緑園都市　ix、103、104
ルーラル　127
レッチワース　106
ロードベイ　21
ローハウス　106
六甲アイランドウエストコート5番街　114

わ
ワーナーマイカル　89
渡辺治右衛門　16
渡辺純一　70
渡辺町　16、22
吾等が村　16

参考図書

- 「近代日本の郊外住宅地」　発行：鹿島出版会　平成１２年　編者：片木篤、藤谷陽悦、角野幸博
- 「郊外住宅地の系譜」　発行：鹿島出版会　昭和６２年　編者：山口廣
- 「郊外住宅の形成　大阪―田園都市の夢と現実」　発行：（株）ＩＮＡＸ　平成１４年　著者：安田孝
- 「図説・近代日本住宅史　幕末から現代まで」　発行：鹿島出版会　平成１３年
　　編著：内田青蔵、大川三雄、藤谷陽悦
- 「図説住居学―１　住まいと生活」　発行：彰国社　平成１１年
　　編集：図解住居学編集委員会・岸本幸臣他
- 「住環境の計画―４　社会のなかの住宅」　発行：彰国社　昭和６３年
　　編集：住環境の計画編集委員会・住田昌三他
- 「大正「住宅改造博覧会」の夢」　発行：（株）ＩＮＡＸ　昭和６３年　著者：西山夘三他
- 「世田谷に見る郊外住宅の歩み・田園と住まい展」　発行：世田谷美術館　平成１年
　　編集：世田谷美術館・橋本善八、北村淳子、世田谷住宅史研究会
- 「郷土誌・田園調布」　発行：（社）田園調布会　平成１２年　編集：（社）田園調布会
- 「日本のすまい・Ⅱ」　発行：勁草書房　昭和５１年　著者：西山夘三
- 「都市の住態」　発行：（株）長谷川工務店　昭和６２年
　　編著者：（株）長谷川工務店、東京理科大初見学
- 「多摩田園都市２５年のあゆみ」　発行：東急電鉄（株）　昭和５４年　編集：東急広報委員会
- 「新町郊外生活」　発行：東京信託（株）　大正２年　売り出し時のパンフレット草樹舎須長一繁氏所有
- 「目白文化村」　発行：（株）日本経済評論社　平成３年　編者：野田正穂、中島明子
- 「多摩田園都市・開発３５年の記録」東京急行電鉄（株）　昭和６３年発行
- 「東急不動産１０年のあゆみ」昭和３９年、５９年、平成６年、１６年発行
- 「民営鉄道グループによる街づくり一覧」明治４３年から平成１５年まで
　　２００３年７月３０日　発行編集：社団法人都市開発協会　元京急興行、ＮＩＰＯ　石橋貞彰氏所有
- 「平成２０年度住宅団地立地調査結果報告書」３巻　平成２１年３月　発行：神奈川県住宅課
- 「戦後史年表１９４５～２００５」　発行：小学館　編集：神田文人、小林英夫
- 「日本のコモンとボンエルフ　工夫された住宅地・まちなみ設計事例集」
　　発行：２００１年　編集財団法人住宅生産振興財団
- 「住まいのまちなみを創る」　発行：建築資料研究社　２０１０年　編集：財団法人住宅生産振興財団
- 「戸建て集合住宅による街づくり手法」　発行：彰国社　１９９０年　著者：猪狩達夫他
- 「タウンハウスの計画技法」　発行：彰国社　昭和５７年　著者：猪狩達夫他
- 「昭和20年東京地図」ちくま文庫　西井一夫　平嶋彰彦
- 社史：三井不動産、東急電鉄、東京建物、東武鉄道、東急不動産
- 「東京百科事典」国土地理協会、東京学芸大学地理学会編
- 「コモンで街をつくる」丸善プラネット㈱、宮脇檀建築研究室編
- 「住環境」東京大学出版会、浅見泰司
- 「東京の地理」青春出版社、正井泰夫監修
- 「江戸・東京の地理と地名」日本実業出版社、鈴木理生
- 「日本鉄道歴史地図帳・首都圏私鉄」新潮社、今尾恵介・原武史監修
- 「日本鉄道歴史地図帳・東京」新潮社、今尾恵介・原武史監修
- 「日本鉄道歴史地図帳・関東」新潮社、今尾恵介・原武史監修
- 「住宅産業１００のキーワード」創樹社
- 「エクステリア・ガーデンデザイン用語辞典」彰国社、猪狩達夫監修
- 「景観用語辞典」彰国社、篠原修監修
- 「日本のニュータウン開発」都市文化社、住田昌二監修

参考資料

・「21世紀のハウジング」ドメス出版、住田昌二
・「多摩の鉄道百年」日本経済評論社、野田正穂他編
・「都市から郊外へ－1930年代の東京」世田谷文学館
・「明治の東京計画」岩波書店、藤森照信
・「痛恨の江戸東京史」祥伝社、青山佾
・「東京文芸散歩」角川文庫、坂崎重盛
・「江戸東京物語」新潮文庫、新潮社編
・「東京23区物語」新潮文庫、泉麻人
・「東京地名考」朝日新聞社会部
・「積水ハウスの街づくり」積水ハウスの住まいの図書館・企画展2
・「街」積水ハウス「家とまちなみ」社団法人住宅生産振興財団機関誌

著者　上川　勇治

1944年 東京都板橋区生まれ、巣鴨育ち。
1968年 東洋大学工学部建築学科卒業。同年地域計画研究室（ランドスケープ計画）。
1969年 市浦都市開発建築コンサルタンツ（大阪）（住宅団地、市街地整備計画）。
1975年 スペースコンサルタンツ、国土工営。
1976年 イカリ設計（平成6年共同代表）（新住宅地、既成市街地計画）。
1994年 街並工学研究所代表 現在に至る。

所属団体等
・ＮＰＯ住宅・建築・都市政策支援集団（まちづくり助っと隊）理事（2003年～2013年）
・一般社団法人埼玉いえ・まち再生会議会員（2011年～現在）
・富士見市都市計画審議委員
・富士見市美術協会会員

●業務等経歴
主たる住宅地計画（1976年～現在）
・西洋環境開発：京都西京桂坂。仙台国見が丘。長野海の口。福岡桜山手。
・東急不動産：千葉あすみが丘。あすみが丘東。千葉みずきが丘。静岡千福ＮＴ。
・東急電鉄：神奈川日向が丘。神奈川めぐみが丘。神奈川桂台。
・三井不動産：浦安3Ｆタウンハウス、福岡生の松原。茨城美園。川崎万福寺　京都精華台、茨城守谷、新潟網河原
・都市公団：和歌山隅田地区。東京多摩ニュータウン丘の手西地区。
・ＪＲ東日本：群馬安中榛名地区。
・遠州鉄道：静岡可睡の杜。静岡和地地区。
・中央住宅：千葉柏田中、千葉西白井、千葉逆井。
・鹿島建設：新潟網河原、新潟豊栄、新潟亀田

地方行政体関係（市街地整備、モデル事業計画）
佐賀県、唐津市、鹿島市、尼崎市、上越市、東根市、河北町、百石町

●講演、講義、研修等
・講義：東洋大学。共立女子大学。立命館大学。
・研修：ＩＮＸ、新日軽、中央住宅
・講演：新潟市、上越市、新発田市、伊達町、産経新聞。
・長野駅前整備委員会委員（オリンピックに伴う人工デッキ、商店街計画）。

●受賞
・新潟駅・駅前広場国際コンペ入賞5点（関根伸夫、大林組、日建設計グループ）
・2004年アジア住宅環境国際大会アイデア賞（香港）（安中榛名住宅地計画）
・2008年ランドスケープコンサルタンツ協会奨励賞（オオバ）（安中榛名住宅地計画）

寄稿者　大川　陸
　1940 年 東京北区生まれ。
　1963 年 東京都立大学工学部建築工学科卒業。
　同年、建設省入省。住宅局、都市局、秋田県、愛知県、熊本県、住宅・都市整備公団、
　(財) 日本建築センターなどを経て、1994 年 7 月～2005 年 6 月 (財) 住宅生産振興財団専務理事。
　元ＮＰＯまちづくり助っと隊代表理事

協力者　田中正隆
　株式会社ジエオ
　出身 佐賀県唐津市

制作データ ─────────────
カバー挿画　上川勇治
　　表右上 千福ニュータウン
　　表左上 めぐみが丘
　　表右下 日向岡
　　表左下 安中榛名
カバー地図　田中正隆
表紙絵　妙義山　上川勇治
扉図版 田園調布　田中正隆
序章扉図版 西片町　田中正隆　図
1 章扉図版 万騎が原　田中正隆　図
2 章扉図版 美しが丘　田中正隆　図
3 章扉図版 千福ニュータウン　田中正隆　図
4 章扉図版 安中榛名　田中正隆　図
資料扉図版 常盤台　田中正隆　図
文中案内図＆全体図　上川勇治
カバーデザイン　仲座 孝（nk クルー）
DTP デザイン　加賀美康彦（nk クルー）
編集＆コーディネーター　荻野準二
　（オギノ ブックアドバイザーオフィス）

街並みの形成──民間住宅地開発の変遷　首都圏──

平成25年8月2日　初版発行

著　者　上　川　勇　治
発行者　中　野　孝　仁
発行所　㈱住宅新報社

編　集　部　〒105-0001　東京都港区虎ノ門3-11-15（SVAX TTビル）
（本　社）　　　　　　　　　　　　　　　　　　　電話（03）6403-7806
出版販売部　〒105-0001　東京都港区虎ノ門3-11-15（SVAX TTビル）
　　　　　　　　　　　　　　　　　　　　　　　電話（03）6403-7805

編集協力　荻　野　準　二

大阪支社　〒541-0046　大阪市中央区平野町1-8-13（平野町八千代ビル）電話（06）6202-8541（代）

印刷・製本／亜細亜印刷㈱　　　　　　　　　　　　　　　Printed in Japan
落丁本・乱丁本はお取り替えいたします。　　　　ISBN978-4-7892-3606-5　C2030